Günther Lamprecht

Einführung in die Programmiersprache FORTRAN IV

Anleitung zum Selbststudium

Skriptum für
Hörer aller Fachrichtungen
ab 1. Semester

Springer Fachmedien Wiesbaden GmbH

ISBN 978-3-528-03307-1   ISBN 978-3-663-19645-7 (eBook)
DOI 10.1007/978-3-663-19645-7

1970

Bestell-Nr. 3307

Vorwort

Diese Einführung in die Programmiersprache Fortran IV ist entstanden aus mehreren
Kursen, die am Rechenzentrum der Universität Münster für Hörer aller Fakultäten
abgehalten worden sind. Das Ziel dieser Kurse war es, dem Teilnehmer ein Hilfsmittel
in die Hand zu geben, das er unter Umständen später für seine wissenschaftlichen
Aufgaben einsetzen kann. Um den Kursteilnehmer möglichst gut mit dem neuen
„Handwerkszeug" vertraut zu machen, wurde die Programmiersprache so dargestellt,
daß ein unmittelbares Ausprobieren des gerade erlernten Stoffes auf der Rechenanlage möglich war.

Ganz bewußt wurde in dieser Einführung darauf verzichtet, alle Möglichkeiten der
Programmiersprache Fortran zu beschreiben. Einmal verwirrt die Vielfalt einen
Anfänger, zum anderen werden die hier beschriebenen Möglichkeiten ausreichen,
um die am Anfang anfallenden Programmieraufgaben zu lösen. Später wird der
Leser sicher in der Lage sein, ein Handbuch über Fortran IV zu verstehen.

Der Name FORTRAN der hier beschriebenen Programmiersprache ist eine Abkürzung von

FORMULA TRANSLATION (Übersetzung von (mathematischen) Formeln).

Es liegt daher in der Natur der Sache, daß ein gewisses Mindestmaß an mathema-
tischer Vorbildung vorhanden sein muß, um die Programmiersprache Fortran zu
verstehen. Die Mindestvoraussetzungen kann man für diese Einführung etwa mit
den Begriffen

Rechnen in verschiedenen Zahlensystemen,
Mittelwert, Streuung, Varianz,
Polynom,
Vektor

beschreiben. Die Kenntnisse der Matrizenrechnung sind hier nur für den erforderlich,
der die Lösung linearer Gleichungssysteme programmieren will.

Herrn Prof. Dr. H. Werner möchte ich für die Anregung danken, diese Einführung
zu schreiben. Frau Mathem. Techn. Assistentin I. Schulze, Münster, Herrn OStR. S.
Lührs, Nordenham, und meiner Frau bin ich für die kritische Durchsicht des
Manuskriptes und für zahlreiche Änderungsvorschläge zu Dank verpflichtet.
Fräulein M. Imenkamp danke ich für ihre Mühe beim Schreiben der Druckvorlagen
und Herrn Mecke für das Zeichnen der Skizzen.

Münster, im April 1970   *Günther Lamprecht*

Inhaltsverzeichnis

Einleitung

Von der Formulierung eines Problems bis hin zu seiner Lösung
kann man die folgenden Stationen angeben, die nacheinander zu
durchlaufen sind:

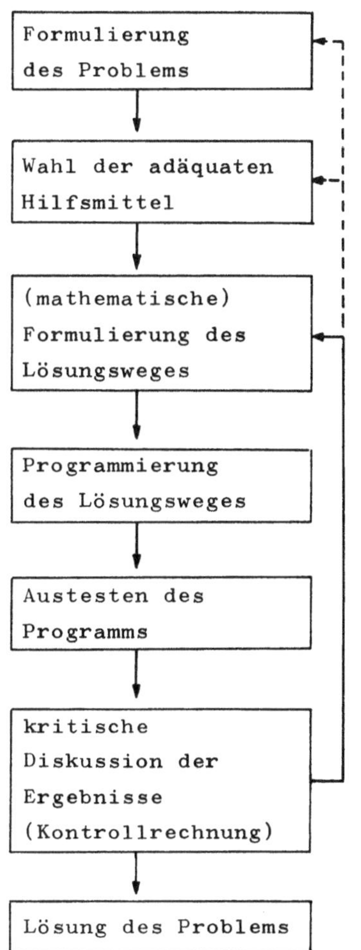

Entscheidet man sich bei der Auswahl der adäquaten Hilfsmittel für die Anwendung einer Rechenanlage, so muß der Lösungsweg in eindeutiger Weise beschrieben werden. Alle möglichen Sonderfälle müssen erkannt und berücksichtigt sein. Erst dann kann man den Lösungsweg - etwa in der Programmiersprache Fortran - programmieren.

Nachdem das Programm in allen Einzelheiten (am Schreibtisch) aufgestellt ist, kann es Befehl für Befehl abgelocht werden, d.h. auf Lochkarten übertragen werden. Das Paket von Lochkarten stellt das Programm in einer für die Rechenanlage "lesbaren" Form dar.

Die Rechenanlage liest das Programm, das in einer sogenannten problemorientierten Sprache formuliert ist, und übersetzt die einzelnen Befehle mit Hilfe eines besonderen Programms, des sogenannten Compilers, in eine Sprache, die die Maschine unmittelbar versteht ("maschinenorientierte Sprache").

In dieser Phase werden von der Rechenanlage alle Verstöße
gegen die Regeln der problemorientierten Sprache - also gegen
Fortran - erkannt und dem Programmierer mitgeteilt. Ist das
Programm ausgetestet, d.h. sind alle formalen Fehler beseitigt,
und liefert das Programm die berechneten Werte, so sind diese
Werte einer kritischen Diskussion zu unterziehen. Von dieser
Diskussion hängt es ab, ob

> der Lösungsweg anders beschrieben,
> die Wahl der adäquaten Hilfsmittel anders getroffen
> oder   das Problem anders formuliert

werden muß. Erst dann, wenn die Rechnung die gewünschten Ergebnisse liefert, kann das betrachtete Problem als gelöst angesehen werden.

Für den formalen Aufbau der Programmiersprache Fortran ist
es zwar unwesentlich, welche Konfiguration die benutzte Rechenanlage besitzt. Zum Verständnis ist es aber sicher gut, den
prinzipiellen Aufbau einer Rechenanlage zu kennen. Er soll daher
hier schematisch angegeben werden.

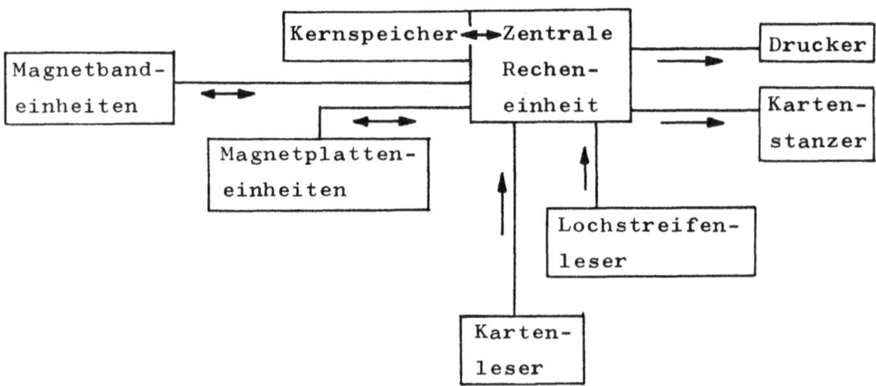

Von der zentralen Recheneinheit werden alle Geräte der Rechenanlage bedient. Sie ist sozusagen das Herzstück. Über den Kartenleser werden die Programme (und eventuelle zugehörige Daten) in die Rechenanlage gegeben. Auf dem Drucker erscheint ein Protokoll der eingegebenen Programmkarten und zusätzlich alle Fehlermeldungen, die das Programm betreffen. Ist das Programm ausgetestet, können die Ergebnisse ebenfalls über den Drucker ausgegeben werden, und zwar in der Form, die im Programm vorgesehen ist.

Im Kernspeicher wird das Programm während der gesamten Ausführungszeit (d.h. solange es gerechnet wird) aufbewahrt, und außerdem werden hier alle vom Programm angeforderten Speicherplätze reserviert. Über die Magnetband- und Magnetplatteneinheiten kann man externe Speichermedien (Magnetbänder, Magnetplatten) ansprechen und so Daten aus- oder eingeben. Durch den Kartenstanzer können berechnete Daten auf Lochkarten ausgegeben werden, die später vom Kartenleser wieder gelesen werden können. Über den Lochstreifenleser können Daten, die auf Lochstreifen abgelocht worden sind, in die Rechenanlage gegeben werden.

Nun noch einige Hinweise zu der vorliegenden Einführung in die Programmiersprache Fortran.

1) Dem Rechenzentrum steht eine Rechenanlage vom Typ IBM 360/50 zur Verfügung. Es ist verständlich, daß einige zusätzliche Möglichkeiten, die diese Anlage bietet, in den abgehaltenen Kursen angegeben wurden. Da diese Informationen gleichzeitig zu einem besseren Verständnis der Programmiersprache dienen, schien es gerechtfertigt, diese Teile auch in der vorliegenden Einführung beizubehalten.

2) Ein Pluszeichen bei einem Paragraphen, einer Übung oder Aufgabe soll bedeuten, daß dieser Teil zum Verständnis der Programmiersprache nicht unbedingt erforderlich, aber nützlich ist.
Ein Stern bei einer Übung oder Aufgabe soll sagen, daß zur Lösung mehr mathematische Kenntnisse erforderlich sind, als im Vorwort gesagt wurde.

3) Häufig werden einzelne Befehle oder Beispiele der Programmiersprache in den Text eingestreut. Da man als Anfänger schlecht
entscheiden kann, ob ein Punkt oder ein Komma Bestandteil des
Befehls oder ein Interpunktionszeichen des Textes ist, wurden
die Satzzeichen an diesen Stellen fortgelassen.

4) In einem gesonderten Lösungsteil sind alle Antworten und Pro-
gramme zu Beispielen, Übungen und Aufgaben zusammengestellt.
In der Regel stellen sie einen von vielen Lösungswegen dar.
Die angegebenen Lösungen sollen zur Kontrolle des eigenen
Lösungsansatzes dienen.

1 Die Darstellung von Zahlen in der Rechenanlage

In unserem Dezimalsystem besitzen die Ziffern einer Zahl einen ganz bestimmten Stellenwert. So hat die Ziffernfolge

$$1 - 2 - 7 - 3$$

verabredungsgemäß den Wert

$$1273 = \underline{1} \cdot 10^3 + \underline{2} \cdot 10^2 + \underline{7} \cdot 10^1 + \underline{3} \cdot 10^0.$$

Um jede beliebige Zahl im Dezimalsystem darstellen zu können, braucht man insgesamt 10 verschiedene Ziffern, nämlich

$$0, 1, 2, \ldots, 9.$$

Es sprechen geschichtliche Gründe für das Dezimalsystem, aber man kann sich andere Zahlensysteme vorstellen. So kann man die Ziffernfolge 1 - 2 - 7 - 3 auch als Oktalzahl auffassen, d.h.

$$1273_{\text{Oktal}} = \underline{1} \cdot 8^3 + \underline{2} \cdot 8^2 + \underline{7} \cdot 8^1 + \underline{3} \cdot 8^0 = 699_{\text{Dezimal}}.$$

Um jede beliebige Zahl im Oktalsystem (d.h. im Zahlensystem mit der Basis 8) darstellen zu können, braucht man 8 verschiedene Ziffern $0, 1, \ldots, 7$.

<u>Übung 1.1</u>

Man interpretiere die Ziffernfolge 1 - 2 - 7 - 3 als Hexadezimalzahl - d.h. zur Basis 16 gehörend - und berechne ihren Dezimalwert.

<u>Übung 1.2</u>

Will man jede beliebige Zahl als <u>Hexadezimalzahl</u> darstellen, so benötigt man insgesamt 16 verschiedene Ziffern. Üblicherweise verwendet man hierfür die Zeichen

$$0, 1, \ldots, 9, A, B, C, D, E, F.$$

Man gebe die Dezimalwerte der Hexadezimalziffern $A, B, \ldots, F$ an.

<u>Übung 1.3</u>

a) Um eine gegebene Dezimalzahl in die Zahl eines anderen Zahlensystems umzurechnen, wird die Dezimalzahl durch die Basis des anderen Zahlensystems dividiert. Der Rest ergibt die letzte Ziffer der gesuchten Zahl. Der berechnete Quotient wird wieder durch die Basis dividiert; dieser Rest ergibt die zweitletzte Ziffer u.s.w.

<u>Beispiel:</u>

Welche Zahl ist 1273_{Dezimal} im Oktalsystem?

1273:8=159	Rest 1	$1273 = 159\cdot 8 + \underline{1}$
159:8= 19	Rest 7	$1273 = (19\cdot 8 + \underline{7})\cdot 8 + \underline{1}$
19:8= 2	Rest 3	$1273 = ((\underline{2}\cdot 8 + \underline{3})\cdot 8 + \underline{7})\cdot 8 + \underline{1}$
2:8= 0	Rest 2	

Also ist $1273_{\text{Dezimal}} = 2371_{\text{Oktal}} = \underline{2}\cdot 8^3 + \underline{3}\cdot 8^2 + \underline{7}\cdot 8^1 + \underline{1}\cdot 8^0$

Man berechne die Hexadezimalzahl (Basis 16) für 1358_{Dezimal}.

b) Zur Berechnung des Dezimalwertes einer Zahl aus einem anderen Zahlensystem verwendet man zweckmäßig folgendes Schema ("Horner-Schema"), das an einem Beispiel demonstriert werden soll

$$1273_{\text{Oktal}} = 1\cdot 8^3 + 2\cdot 8^2 + 7\cdot 8^1 + 3\cdot 8^0$$
$$= ((1\cdot 8 + 2)\cdot 8 + 7)\cdot 8 + 3.$$

Durch Ausrechnen der einzelnen Klammern erhält man

$$1\cdot 8 + 2 = 10$$
$$10\cdot 8 = 80$$
$$80 + 7 = 87$$
$$87\cdot 8 = 696$$
$$696 + 3 = 699.$$

Also $1273_{\text{Oktal}} = 699_{\text{Dezimal}}$.

Man berechne den Dezimalwert der Hexadezimalzahl $\text{B1E}_{\text{Hex.}}$.

<u>Übung 1.4</u>

a) Man gebe die Dualdarstellung - d.h. im Zahlensystem mit der
Basis 2 und den Ziffern 0 und 1 - der Dezimalzahl 37 an.

b) Welche Dezimalzahl hat die Dualdarstellung 1101_{Dual} ?

In einer digitalen elektronischen Rechenanlage kann man sich den
kleinsten Informationsträger als einen stabförmigen oder ring-
förmigen Eisenkern vorstellen, der in der einen oder anderen
Richtung magnetisiert werden kann. Da die Magnetisierung des
Eisenkerns bestehen bleibt, wenn keine äußeren Kräfte auf ihn
einwirken, hat man es gleichzeitig mit dem kleinsten Informations-
<u>speicher</u> zu tun, der die beiden Zustände

      "Magnetisierung in der einen Richtung"

oder   "Magnetisierung in der anderen Richtung"

realisieren und speichern kann. Aus technischen Gründen scheidet
die Nicht-Magnetisierung als ein dritter Zustand des Eisenkerns
aus. Ordnet man nun der

      "Magnetisierung in der einen Richtung"   die Ziffer 0

zu und der

      "Magnetisierung in der anderen Richtung" die Ziffer 1

zu, so kann man in einem Eisenkern die Ziffern 0 oder 1 speichern.
Man nennt daher den einzelnen Eisenkern und allgemeiner einen
zweiwertigen Informationsträger auch ein

      "Bit"   (<u>bi</u>nary dig<u>it</u> = Dualziffer).

Faßt man mehrere Bits zusammen und gibt jedem Bit einen bestimmten
Stellenwert, so kann man durch die Folge der Ziffern 0 und 1 eine
beliebige Dualzahl speichern. Und da man jede Dualzahl in eine
Dezimalzahl umrechnen kann (vgl. Übung 1.4), ist man in der Lage,
Dezimalzahlen zu speichern.

<u>Übung 1.5</u>

a) Man rechne die Hexadezimalzahlen 0,1,2,...,9,A,...,F in
Dualzahlen um und schreibe sie untereinander auf.

b) Wie heißen die größten ganzen Zahlen, die man mit

$$1$$
$$2$$
$$3$$
$$4$$

und   n   Bits darstellen kann?

Da man nicht nur positive ganze Zahlen in der Rechenanlage
speichern möchte, sondern auch negative, muß man ein weiteres Bit
zur Verschlüsselung des Vorzeichens heranziehen. Wir verabreden
hier:

positives Vorzeichen: Ziffer 0 im ersten Bit der Zahl
negatives Vorzeichen: Ziffer 1 im ersten Bit der Zahl.

Um unterscheiden zu können, wo eine Zahl beginnt und wo ihr Vorzeichen verschlüsselt ist, muß man in die Folge der Bits, d.h. in
die Menge der magnetisierbaren Eisenkerne des sog. Kernspeichers
irgendeine Struktur bringen. Diese Struktur ist bei verschiedenen
Rechenanlagenfabrikaten unterschiedlich. Bei unserer Anlage werden
ausgehend von einem Anfangspunkt

je 8 Bits zu einem "Byte"

zusammengefaßt. Ein Byte stellt damit die kleinste adressierbare
Einheit im Kernspeicher dar.
Zur maschineninternen Dualdarstellung von Zahlen kann man wahl-
weise

je 2 Bytes zu einem sog. Halbwort
oder   je 4 Bytes zu einem sog. Wort

zusammenfassen. Innerhalb eines Halbwortes bzw. Wortes spricht man
von der Bitposition 0 bis 15 bzw. 0 bis 31. Da in der Bitposition
0 das Vorzeichen verschlüsselt wird, verbleiben bei einem Halbwort
15 Bits zur Dualdarstellung der (vorzeichenlosen) Zahl, womit die
größte darstellbare Zahl

$$2^{15}-1=32.767$$

ist und analog bei einem Wort

$$2^{31}-1 = 2.147.483.647 \sim 2 \cdot 10^9.$$

Die Dualverschlüsselung einer Zahl wird "rechtsbündig" in einem
Halbwort bzw. Wort untergebracht, d.h. so, daß die letzte Ziffer
in der am weitesten rechts stehenden Bitposition steht. Eventuell
nicht benutzte Bitpositionen werden auf Null gesetzt.

<u>Beispiel</u>

N = 27   in einem Halbwort

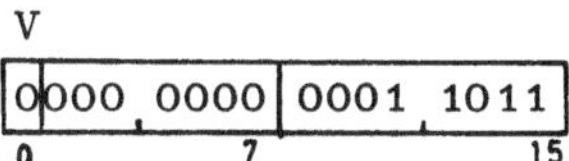

M = 59   in einem Wort

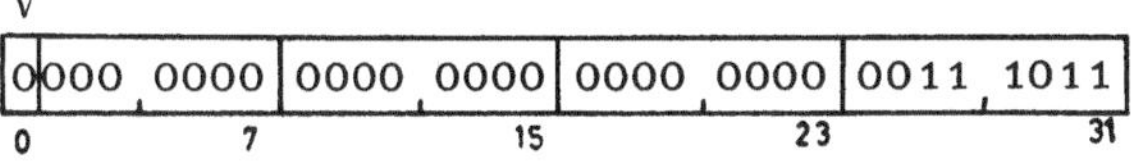

Diese maschineninterne Darstellung von Zahlen kann man vom Fortran-
Programm her für die benutzten Variablen anwählen und zwar für die

    Halbwortdarstellung   (2 Bytes) durch das Schlüsselwort INTEGER*2
    für die Wortdarstellung (4 Bytes) durch das Schlüsselwort INTEGER*4
                                            oder nur INTEGER

und das anschließende Aufzählen der Variablennamen (durch Kommata
getrennt).

In dem obigen Beispiel müßte es also lauten

        INTEGER*2   N
        INTEGER*4   M
  oder einfach INTEGER   M

um für N und M die interne Zahlendarstellung zu ermöglichen. Wie
N und M die Werte 27 und 59 erhalten, wird später beschrieben.

Aus technischen Gründen, auf die hier nicht näher eingegangen
werden soll, werden in der Rechenanlage die negativen Zahlen etwas
anders verschlüsselt, als es hier aus didaktischen Gründen dargelegt wurde:

Die negativen Zahlen werden als Zweier-Komplement ihres positiven
Wertes verschlüsselt, d.h. als die Differenz zu der nächsthöheren
Potenz von 2, die in dem Speicherplatz gerade nicht mehr ver-
schlüsselt werden kann.

<u>Beispiel</u>

N = 9 in einem Halbwort:

0	000,0000	0000,1001
0	7	15

N =-9 in einem Halbwort:

1	111,1111	1111,0111
0	7	15

und nicht wie oben ver-
einfacht beschrieben :

1	000,0000	0000,1001
0	7	15

Für viele numerische Probleme ist es unzureichend, nur mit
ganzen Zahlen zu rechnen. Es ist daher in allen größeren Rechenanlagen noch eine zweite Zahlenverschlüsselung, die sog. "Gleitkommazahlen" - Darstellung vorgesehen. Sie läuft im Prinzip auf
folgendes hinaus.

Beispielsweise ist die Zahl

$$-1273 \quad \text{wertmäßig gleich} \quad -0,1273 \cdot 10^4$$
$$\text{oder} \quad 0,001273 \quad \text{wertmäßig gleich} \quad 0,1273 \cdot 10^{-2}.$$

Allgemein kann man jede von Null verschiedene Zahl z in eindeutiger
Weise so "normalisieren", daß gilt

$$z = b \cdot 10^e$$

wobei b ein Bruch ist, der betragsmäßig zwischen $\frac{1}{10}$ und 1 liegt

$$\frac{1}{10} \leq |b| < 1$$

und der Exponent e einen entsprechenden Wert besitzt.

Man braucht nur den Bruch b und den Exponenten e zu verschlüsseln, um so die gegebene Zahl z zu speichern. Dabei braucht man die Basis 10, die Null und das Komma nicht anzugeben, wenn man für Bruch und Exponent feste Bereiche innerhalb des für die Zahl vorgesehenen Speicherplatzes vereinbart.

Da einerseits der Bruch b beliebig viele Ziffern besitzen kann, wie z.B. für $\frac{1}{3}$ = 0,3333333... und andererseits nur eine beschränkte Zahl von Bits zur Verschlüsselung des Bruches b bereitgestellt werden kann, müssen notwendig bei der Gleitkommaverschlüsselung Abbruchfehler - oder "Rundungsfehler" - auftreten. Es ist klar, daß der Rundungsfehler umso kleiner ausfällt, je mehr Ziffern des Bruches b verschlüsselt werden können. Diese Überlegung führt dazu, daß man zur Normalisierung der Zahlen nicht die Basis 10 benutzt, sondern die Basis 16, also auf das Hexadezimalsystem zurückgreift. Hierzu eine nähere Begründung.

Um jede der Ziffern 0,1,...,9 des Dezimalsystems verschlüsseln zu können, braucht man bis zu 4 Bits, denn

$$9_{Dez.} \quad \text{ist} \quad 1001_{Dual} \; .$$

Andererseits ist die größte ganze Zahl, die man mit 4 Bits verschlüsseln kann (vgl. Übung 1.5b)

$$2^4 - 1 = 15 \quad = \quad 1111_{Dual} \quad = F_{Hex.} \quad .$$

Rechnet man eine gegebene Dezimalzahl in das Hexadezimalsystem um, so sieht man, daß man bei großen Zahlen mit weniger Ziffern auskommt. Umgekehrt besagt dieses: Bei Benutzung gleich vieler Bits zur Verschlüsselung des Bruches wird eine Zahl genauer dargestellt, wenn man sie zuvor ins Hexadezimalsystem umwandelt, normalisiert und verschlüsselt.

<u>Beispiel 1.1</u>

$$-1273_{\text{Dez.}} = -4F9_{\text{Hex.}} = -0,4F9_{\text{Hex.}} \cdot 16^3$$

$$0,001273_{\text{Dez.}} = \underline{0}\cdot 10^0 + \underline{0}\cdot 10^{-1} + \underline{0}\cdot 10^{-2} + 1\cdot 10^{-3} + \underline{2}\cdot 10^{-4} + \underline{7}\cdot 10^{-5} + \underline{3}\cdot 10^{-6}$$

$$= \underline{0}\cdot 16^0 + \underline{0}\cdot 16^{-1} + \underline{0}\cdot 16^{-2} + \underline{5}\cdot 16^{-3} + \underline{3}\cdot 16^{-4} + \underline{6}\cdot 16^{-5} + \underline{D}\cdot 16^{-6}$$

$$+\underline{6}\cdot 16^{-7} + \underline{5}\cdot 16^{-8} + \dots$$

$$= 0,00536D65\dots_{\text{Hex.}}$$

$$= 0,536D65\dots_{\text{Hex.}} \cdot 16^{-2}$$

(Die Umwandlung der Zahl $0,001273_{\text{Dez.}}$ in das Hexadezimalsystem sollten Sie hier nicht nachrechnen: In <u>Übung 9.1</u> werden Sie es mit Hilfe der Rechenanlage nachholen können.)

Von den normalisierten Hexadezimalzahlen werden der Bruch und der Exponent verschlüsselt. Hierfür werden in der Rechenanlage jeweils 4 Bytes = 1 Wort bereitgestellt, die wie folgt aufgeteilt werden.

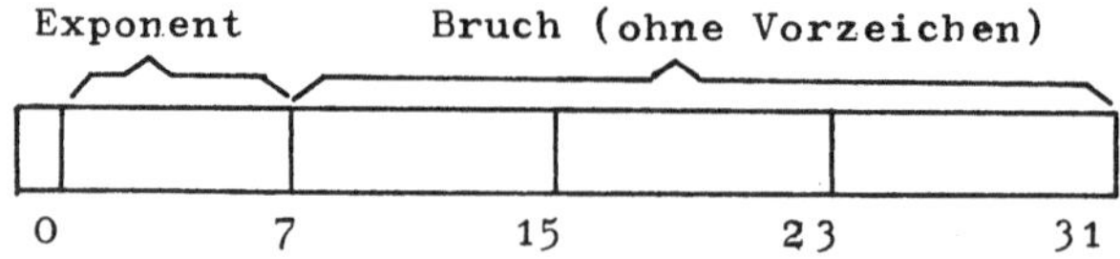

Das Vorzeichen des Bruches wird in der Bitposition 0 verschlüsselt.

Im Gegensatz zur INTEGER-Verschlüsselung der Zahlen werden negative Gleitkommazahlen nur in der Bitposition 0 durch die Ziffer 1 angezeigt. Die übrige Zahlendarstellung entspricht der ihres positiven Wertes. Die Ziffernfolge des Bruches wird linksbündig in das vorgesehene Feld gebracht; gegebenenfalls werden rechts Nullen eingespeist.

Damit steht in den Feldern für den Bruch bei den beiden Zahlen-
beispielen

$$-1273_{\text{Dez.}} = -\ 0,4F9_{\text{Hex.}} \cdot 16^3$$

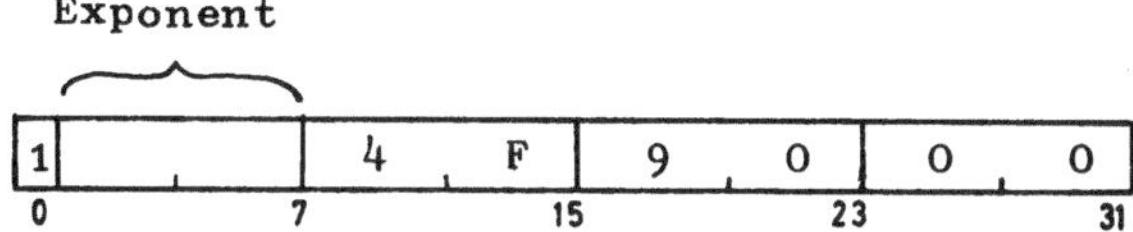

oder bei expliziter Angabe aller Bits

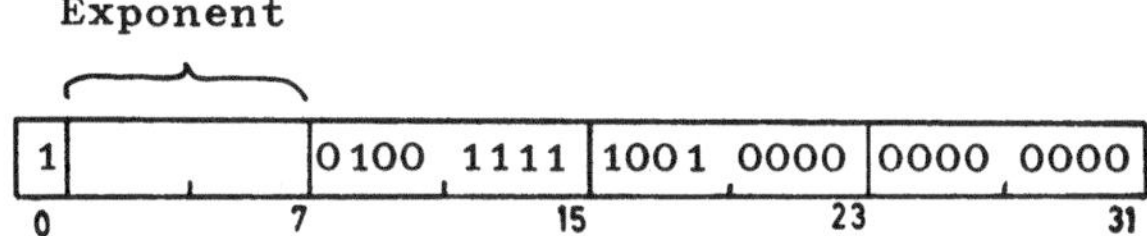

und für

$$0,001273_{\text{Dez.}} = 0,536D65_{\text{Hex.}} \cdot 16^{-2}$$

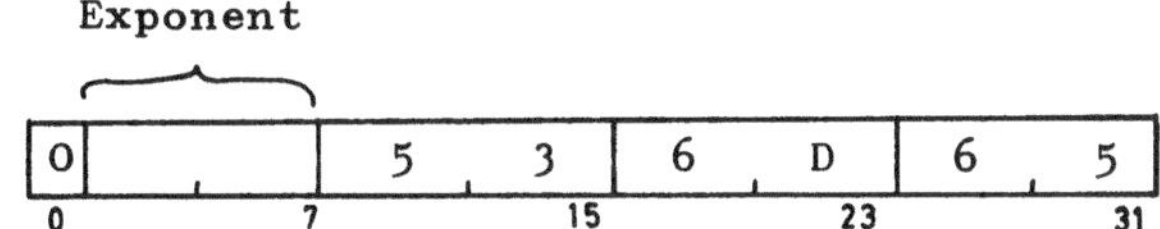

oder mit expliziter Angabe aller Bits

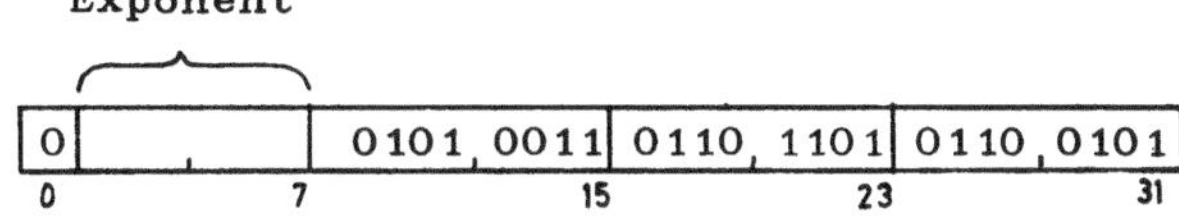

Für die Verschlüsselung des Exponenten sind 7 Bits vorgesehen.
Damit kann man alle ganzen Zahlen von 0 bis $127 = 2^7-1$ darstellen. Offensichtlich werden einerseits Zahlen bis zur Größenordnung 16^{127} nicht benötigt und andererseits möchte man auch
negative Exponenten verschlüsseln können. Man hat daher folgende
Vereinbarung getroffen:

Der Exponent e wird um die Zahl 64 erhöht, und dieses Ergebnis
wird in den vorgesehenen 7 Bits rechtsbündig verschlüsselt.

Bei der Zahl $-0,4F9_{Hex.} \cdot 16^3$ wird also im Exponentenfeld die Zahl
$3+64=67$ verschlüsselt

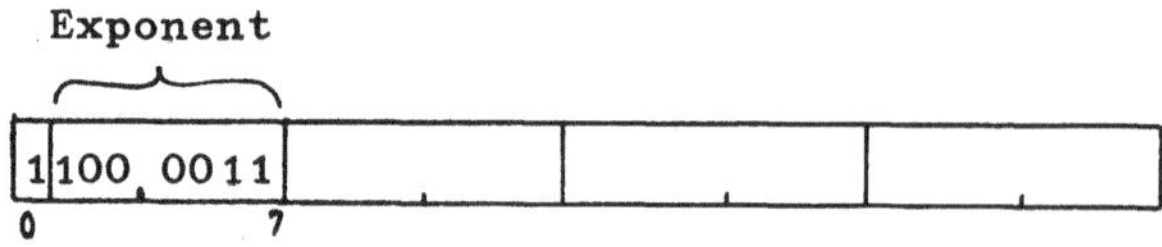

und bei $0,536D65_{Hex.} \cdot 16^{-2}$

die Zahl $-2+64=62$

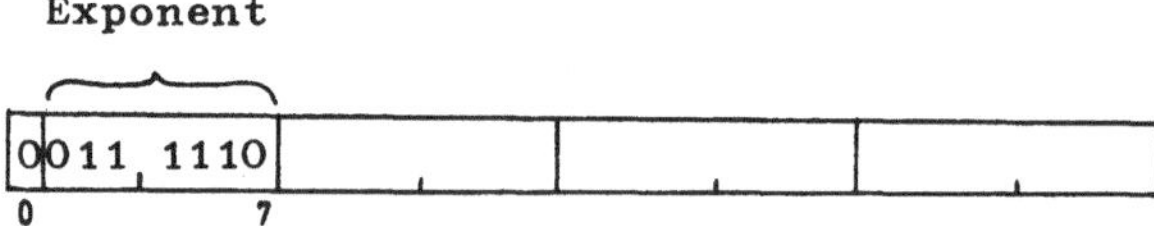

Will man den Inhalt des Speicherplatzes in hexadezimaler Form
beschreiben, so braucht man die Bitposition 0 (Vorzeichen der Zahl)
und die Positionen 1 bis 7 des Exponenten nicht gesondert zu be-
trachten: je 4 Bits werden zu einer Hexadezimalziffer zusammengefaßt, so daß man erhält

$$-1273_{Dez.} = -0,4F9_{Hex.} \cdot 16^3$$

$$0,001273_{Dez.} = 0,536D65_{Hex.} \cdot 16^{-2}$$

Da für die Verschlüsselung des Bruches ohne Vorzeichen 3 Bytes vorgesehen sind, kann man 6 Hexadezimalziffern unterbringen, was einer Genauigkeit von 7,2 Dezimalziffern entspricht. Auf Grund der für den Exponenten vorgesehenen 7 Bits und der obigen Vereinbarung zur Verschlüsselung des Exponenten kann man Zahlen verschlüsseln, die betragsmäßig zwischen

$$\frac{1}{16} \cdot 16^{-64} = 16^{-65} \text{ und } 16^{63} \cdot (\frac{15}{16} + \frac{15}{16^2} + \ldots + \frac{15}{16^6}) = 16^{63} \cdot (1 - 16^{-6})$$

liegen, was etwa den Grenzen

$$0,54 \cdot 10^{-78} \text{ und } 7,2 \cdot 10^{75}$$

entspricht. - Die Zahl Null, die man natürlich nicht in der angegebenen Form normalisieren kann, wird verschlüsselt, indem alle Bits des Wortes auf Null gesetzt werden.

Die Gleitkommadarstellung von Zahlen kann man vom Fortran-Programm her anwählen, indem man das Schlüsselwort

REAL*4 oder nur REAL

schreibt und anschließend die Variablennamen - durch Kommata getrennt - aufführt, denen man den "Typ" Gleitkomma zudiktieren will.

Für manche numerischenProbleme reicht die Genauigkeit von 6 Hexadezimalziffern bzw. 7 Dezimalziffern nicht aus. Man hat deshalb die Möglichkeit vorgesehen, je 2 Worte oder 8 Bytes zu einem Doppelwort zusammenzufassen. Dies geschieht im Fortran durch das Schlüsselwort

REAL*8

und anschließendes Aufzählen der Variablennamen. Ein solches Doppelwort hat die Struktur

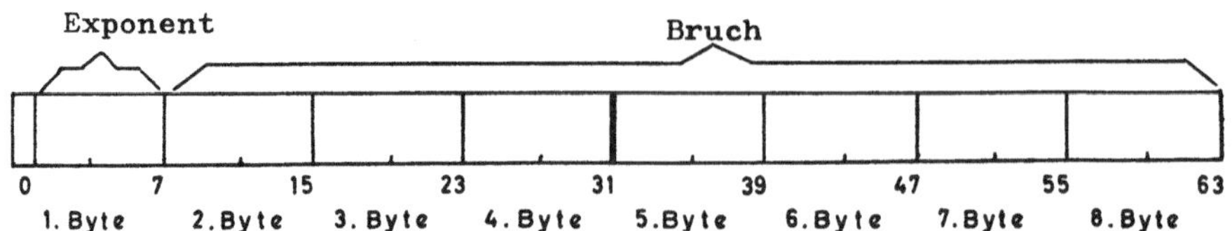

Im ersten Wort werden das Vorzeichen der Zahl, der Exponent und
die ersten 6 Hexadezimalziffern des Bruches verschlüsselt, in
dem zweiten Wort weitere 8 Ziffern. Damit erreicht die Zahlendarstellung die Genauigkeit von

        14 Hexadezimalziffern

oder   16 Dezimalziffern.

Um den Unterschied zwischen REAL*4 und REAL*8 - Größen zu charak-
terisieren, spricht man auch von

        einfach genauen Gleitkommazahlen

und   doppelt genauen Gleitkommazahlen.

Übung 1.6

Beim Rechnen mit INTEGER-Zahlen sind jedes Zwischenergebnis und
das Endergebnis INTEGER-Größen.
Beim Rechnen mit Gleitkommazahlen sind analog Zwischen- und Endergebnis Gleitkommazahlen.
Versuchen Sie bitte, den Unterschied zwischen Berechnungen
mit INTEGER- bzw. REAL-Zahlen bezüglich der 4 Grundrechenarten

      a) Addition, Subtraktion und Multiplikation
      b) Division

zu beschreiben.

2 Ein einführendes Beispiel

In diesem Paragraphen wollen wir uns die Aufgabe stellen, den Mittelwert m zweier Zahlen a und b mit Hilfe der Rechenanlage zu berechnen:

$$m = \frac{a+b}{2} \text{ und es sei } a=1,4 \text{ und } b=2$$

Wie man sofort im Kopf ausrechnen kann, wird m den Wert 1,7 erhalten, also nicht ganzzahlig sein. Wir werden für m den Typ "einfache Gleitkommazahl" vorsehen. Dies geschieht durch die Anweisung

        REAL*4 M

Hierdurch wird für die Variable m, die in unserem Programm den Namen M haben soll, nicht nur der Typ festgelegt, sondern gleichzeitig wird ein Speicherplatz in der Größe 4 Bytes reserviert. Dieser Speicherplatz hat in unserem Programm den Namen M, und wir können diesen Speicherplatz ansprechen, indem wir im Programm seinen Namen aufrufen.

Für die Größen a und b sollen ebenfalls Speicherplätze reserviert werden, und sie sollen ebenfalls Gleitkommazahlen einfacher Genauigkeit sein. Also heißt die gemeinsame Anweisung

        REAL*4 M,A,B
oder   REAL   M,A,B

Nun sollen den Speicherplätzen A und B die Werte 1,4 bzw. 2 zugewiesen werden. Dies geschieht durch die beiden Befehle

        A = 1.4
        B = 2.

Man beachte: Das Dezimalkomma ist durch den Dezimalpunkt zu ersetzen, wie es in angelsächsischen Ländern üblich ist.

In dem Speicherplatz A ist nun der Wert 1,4 in der Gleitkommadarstellung verschlüsselt, wie wir es im Paragraphen 1 beschrieben
haben. Entsprechend steht auf dem Speicherplatz B der Wert 2 in
der Gleitkommadarstellung. Wir können jetzt den arithmetischen
Ausdruck zur Berechnung des Mittelwertes m programmieren

        M = (A+B)/2.

Diesen Befehl hat man folgendermaßen zu interpretieren:
    Die Inhalte der Speicherplätze A und B werden abge-
    rufen und addiert. Damit ist der Klammerausruck be-
    rechnet. Dieses Zwischenergebnis (=3,4) wird durch 2
    dividiert (=1,7). Das Ergebnis wird auf den Speicher-
    platz mit Namen M geschafft. Die Speicherplätze A und
    B sind dabei unverändert geblieben.

Der Wert für m soll nicht nur berechnet, sondern zusammen mit a und b
ausgedruckt werden. Hierzu sind die beiden folgenden Befehle erforderlich, die erst später im einzelnen erläutert werden sollen.

        WRITE (6,100)A,B,M
    100 FORMAT(1X,6E20.6)

Wichtig ist im Augenblick nur, daß nach dem Schlüsselwort

        WRITE(6,100)

die Namen der Speicherplätze durch Kommata getrennt aufgeführt
werden müssen, deren Werte ausgedruckt werden sollen. Diese
"Liste" der Variablen darf beliebig lang sein; wie die zugehörigen
Werte im einzelnen ausgedruckt werden, wird durch die Angaben in
dem FORMAT-Befehl gesteuert. Auch hierauf wird später ausführlich
eingegangen. Vorläufig werden wir alle Druckbefehle zur Ausgabe
von Variablen des Typs REAL*4 in dieser Standardform schreiben.

Unser Programm wird beendet - wie jedes Fortran Programm - durch
die beiden Befehle

        STOP
        END

Damit steht unser Programm zur Berechnung des Mittelwertes von
zwei gegebenen Zahlen auf dem Papier. Die Frage ist nun, wie
dieses Programm der Rechenanlage mitgeteilt werden kann. Dies
geschieht dadurch, daß die einzelnen Anweisungen auf Lochkarten
übertragen werden. Nach welchem Schema das Ablochen der Befehle
vor sich zu gehen hat, wird in dem folgenden Paragraphen beschrieben und ebenso, welche zusätzlichen Steuerbefehle der
Rechenanlage zur Ausführung des Programms mitgeteilt werden
müssen.

3 Das Ablochen von Fortran-Programmen

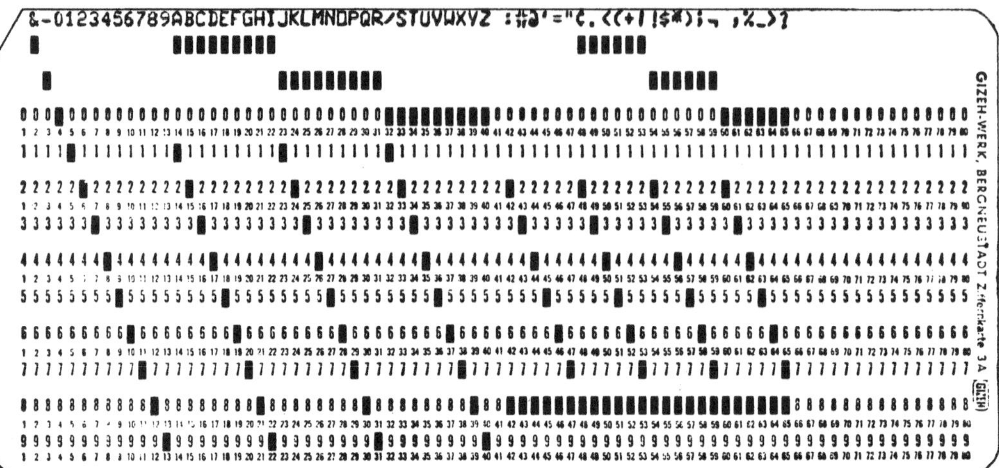

In der abgebildeten Karte sind die auf dem Locher vorhandenen
Zeichen in systematischer Reihenfolge abgelocht. Die Loch-
kombination einer jeden Spalte stellt das darüber gedruckte
Zeichen dar.

  In der Programmiersprache Fortran wird jeder neue Befehl auf
einer neuen Lochkarte begonnen. Zum Ablochen des Befehls, des
sogenannten "Statements", sind die Spalten 7 bis 72 (jeweils einschließlich) vorgesehen. Reichen diese Spalten einer einzigen
Lochkarte nicht aus, um den Befehl abzulochen, so kann man auf
einer zweiten (oder dritten u.s.w.) Karte den Befehl in den
Spalten 7 bis 72 fortsetzen, wenn man in dieser Fortsetzungskarte
in Spalte 6 ein von Null verschiedenes Zeichen locht (etwa die Ziffern 1,2,3,..für die erste, zweite, dritte,... Folgekarte). Die
maximale Anzahl der Folgekarten hängt von der Größe der benutzten
Rechenanlage ab.

  In den Spalten 1 bis 5 kann man eine Zahl (bestehend aus den
Ziffern 0,1,...,9) ablochen, die dann die Nummer dieses Statements
ist. Die Wahl der Statementnummer ist willkürlich, sie darf nur
mit keiner anderen Statementnummer des betreffenden Programms
übereinstimmen. Z.B. besitzt das Format-Statement im Paragraphen
2 die Statementnummer 100. Zur Übersichtlichkeit sollte man die

Statementnummer rechtsbündig in die ersten 5 Spalten schreiben,
d.h. so, daß die letzte Ziffer in der Spalte 5 steht.

Locht man in die Spalte 1 einer Karte den Buchstaben C, so
wird diese Karte als Kommentarkarte interpretiert. Sie wird im
Protokoll des Fortran-Programms dokumentiert, ihr Inhalt hat aber
keinen Einfluß auf das Programm. Eine Kommentarkarte kann an
jeder Stelle des Programms zwischen zwei Statements eingefügt
werden oder zu Beginn eines Programms.

In den Spalten 73-80 kann kein Teil eines Fortran-Befehls abgelocht werden. Was in diesen Spalten der Programmkarten codiert
wird, hat keinen Einfluß auf den Ablauf des Programms. Wozu dienen
also die Spalten 73-80 in den Programmkarten?

Stellen Sie sich folgende Situation vor: Sie haben - nach Ab-
solvierung dieses Kurses - ein umfangreicheres Programm von 500
oder mehr Karten geschrieben. Nachdem Sie das Programm ausgetestet
haben, fällt Ihnen der gesamte Kartenstoß hin. Wie bringen Sie
die Karten in die richtige Reihenfolge?

Für diesen Fall ist in Spalten 73 bis 80 eine fortlaufende
Numerierung, das sog. Label, vorzusehen; denn bei einer fortlaufen-
den Numerierung der Karten ist das Sortieren mit der Sortier-
maschine kein Problem. Zweckmäßigerweise numeriert man die Karten
in Zehnerschritten durch, d.h.

    1. Karte mit 010
    2. Karte mit 020
    3. Karte mit 030
          .   .
          .   .
          .   .

Dies hat den Vorteil, daß man bei späteren Programmänderungen
weitere Karten - numeriert in Einerschritten - einfügen kann,
ohne die aufsteigende Zahlenfolge zu durchbrechen. Soll etwa nach
der 2. Karte eine weitere Karte eingefügt werden, so kann sie
die Nummer 021 erhalten, so daß man erhält

	1. Karte	010
	2. Karte	020
	2a Karte	021
alte	3. Karte	030
	.	.
	.	.
	.	.

Für die reine Numerierung wird man in der Regel mit 4 Spalten auskommen (etwa 77,...,80). Man hat also noch 4 Spalten zur Verfügung (Spalte 73,...,76). In diese kann man die Abkürzung eines Namens lochen, den man dem Programm zur Identifikation der Programmkarten geben will.

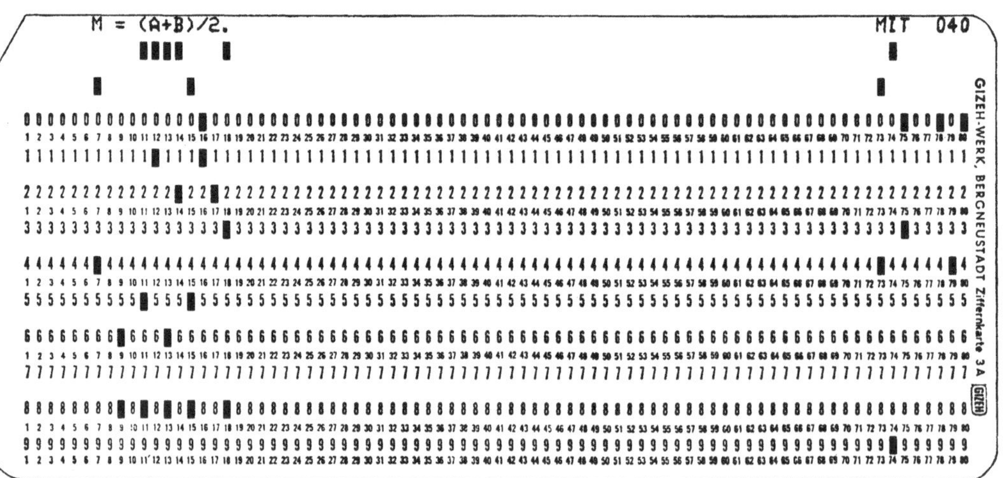

Zum Ablochen der einzelnen Fortran-Befehle stehen die folgenden Zeichen zur Verfügung

   a) Buchstaben A bis Z und $
      (Das Dollarzeichen wird wie ein Buchstabe behandelt)
   b) Ziffern 0 bis 9
   c) Sonderzeichen + - / = .) * , (& '
      und die Leerstelle ("blank", keine Lochung).

Die übrigen noch auf der Tastatur des Lochers vorgesehenen Zeichen sind zur Ablochung der Befehle nicht erforderlich, können aber bei gewissen Daten benutzt werden.

<u>Übung 3.1</u>

Lochen Sie bitte das in Paragraph 2 angegebene Programm zur Berechnung eines Mittelwertes zweier Zahlen ab. Labeln Sie bitte die Programmkarten.

Wie wir in Paragraph 2 gesehen haben, kann man einzelnen Speicherplätzen Namen geben. Man nennt diese Speicherplätze auch "Variable", weil ihr Inhalt im Verlauf des Programms geändert werden kann. Die Variablennamen können weitgehend willkürlich gewählt werden, sie dürfen nur nicht aus mehr als 6 Zeichen bestehen (Sonderzeichen sind nicht erlaubt), wobei das erste Zeichen ein Buchstabe sein muß. So hätte man in dem Beispiel von Paragraph 2 statt M für den Mittelwert auch schreiben können MITTEL oder M2W\$. Das Ergebnis wäre in allen drei Fällen das gleiche gewesen.

Durch die Schlüsselworte REAL (="reelle Zahl") oder INTEGER (="ganzzahlig") kann man für die einzelnen Variablen die maschineninterne Verschlüsselung festlegen. Etwas Ähnliches ist für Zahlen möglich, die man im Programm explizit angibt. Die Typfestlegung dieser Zahlen, die man auch "Konstanten" nennt, geschieht nach folgender Vereinbarung

    a) Eine Zahl, die nur aus Ziffern besteht, hat maschinenintern die Verschlüsselung einer Dualzahl (INTEGER*4). Man spricht dann auch von einer Integer-Konstanten.
    b) Eine Zahl, die einen Dezimalpunkt besitzt, hat maschinenintern die Verschlüsselung einer Gleitkommazahl (REAL*4).

So ist die Zahl 1234 eine Integer-Konstante, während die Zahl 1234. oder 1234.0 den Typ "Gleitkommazahl" besitzt. Nun kann man diese Zahl auch in der Form

$$1{,}234 \cdot 10^3$$

schreiben, ohne ihren Wert zu verändern. Für viele Zwecke ist diese Schreibweise bequemer, etwa bei sehr großen oder sehr kleinen

Zahlen. Es ist deshalb auch in der Programmiersprache Fortran
diese Möglichkeit vorgesehen. Man schreibt dann im Programm

$1.234E3$ für $\underline{e}$infach genaue Zahlen $(=1,234 \cdot 10^3)$ oder
$1.234D3$ für $\underline{d}$oppelt genaue Zahlen $(=1,234 \cdot 10^3)$

je nachdem, ob die Konstante $\underline{e}$infache oder $\underline{d}$oppelte Genauigkeit
besitzen soll, d.h. ob sie in einem Wort oder einem Doppelwort
verschlüsselt werden soll.

Die Sonderzeichen + - * / werden unter anderem als Ver-
knüpfungszeichen (Operatoren) für die 4 Grundrechenarten
Addition, Subtraktion, Multiplikation und Division benutzt. Für
die Auswertung arithmetischer Ausdrücke gilt auch im Fortran die
übliche Regel

"Punktrechnung geht vor Strichrechnung".

Will man eine abweichende Regelung treffen, hat man Klammern zu
setzen, wozu die Sonderzeichen (   ) benutzt werden. Dabei
gelten für das Auswerten der Klammerausdrücke die auch sonst üblichen Regeln. Bei Operationen derselben Stufe (also Multiplikation-
Division oder Addition - Subtraktion) wird der arithmetische Ausdruck von links nach rechts abgearbeitet.

Längere arithmetische Ausdrücke werden so reduziert, daß jeweils zwei durch einen Operator + - * / verbundene Operanden
zu einem Zwischenergebnis zusammengefaßt werden. Welche zwei
Operanden zuerst zusammengefaßt werden und welche später, hängt
von der Stufe des Operators ab (siehe obige Regeln!). Der Typ
jedes einzelnen Zwischenergebnisses wird bestimmt durch den Typ
der unmittelbar beteiligten Operanden. Bringt man die Schlüsselwörter der Typ-Festlegung in die absteigende Reihenfolge

```
REAL*8
REAL*4 bzw. REAL
INTEGER*4 bzw. INTEGER
INTEGER*2
```

so besitzt das Zwischenergebnis stets den "höheren" Typ der beiden unmittelbar beteiligten Operanden, und zwar unabhängig davon, welchen Typ der gesamte arithmetische Ausdruck besitzt. Außerdem ist der Typ des arithmetischen Ausdrucks unabhängig von dem Typ der Variablen, die den arithmetischen Ausdruck zugewiesen bekommt.

Beispiel 3.1

```
REAL W,A,B
INTEGER N
N=4
A=3.
B=1.
W=1/N*(A+B)+(A-B)*(A-B)/3
```

Die Operatoren / und * des ersten Terms 1/N*(A+B) haben dieselbe Stufe (oder dieselbe Priorität), also wird zunächst

$$1/N$$

berechnet und auf einem Platz, den wir z_1 nennen wollen, zwischengespeichert. Die Konstante 1 und die Variable N besitzen den Typ INTEGER*4, der damit auf z_1 übergeht. Damit wird

$$1/N = 0,25$$

gerundet auf $z_1 = 0$

Nun ist $z_1*(A+B)$ zu berechnen. Wegen der Klammern wird $z_2 = A+B$
$$= 4.$$

ausgerechnet; z_2 hat den Typ REAL*4.
Die Größe

$$z_3 = z_1 * z_2$$

hat den Typ REAL (weil z_2 ihn besitzt) und erhält den Wert 0. zugewiesen (weil z_1 verschwindet).

Wegen der Klammerstruktur von $(A-B)*(A-B)/3$ werden nun

$$z_4 = A-B$$
$$z_5 = A-B$$

beide mit Typ REAL und Wert 2. zwischengespeichert und danach

$$z_6 = z_4 * z_5 \qquad \text{(Typ REAL)}$$
$$= 4.$$

und
$$z_7 = z_6/3 \qquad \text{(Typ REAL)}$$
$$= 1.333333$$

berechnet. Anschließend wird W der Wert

$$w = z_3 + z_7$$
$$= 0. + 1.333333$$
$$= 1.333333$$

zugewiesen, womit der arithmetische Ausdruck vollständig ausgewertet ist.

Bei dem Runden von Zwischen- und Endergebnissen auf Integer-Größen ist folgende, von der üblichen mathematischen Festlegung abweichende Regel zu beachten

positive Zahlen werden abgerundet
negative Zahlen werden aufgerundet .

So wird aus 2.9 die Integer-Zahl 2
      -2.9 die Integer-Zahl -2

Übung 3.2

a) Man gebe an, welchen Dezimalwert die Variable H besitzt, wenn die Rechenanlage folgende Befehle durchläuft

```
INTEGER*2 N
REAL*4 A,H,B
A=2.
B=7.
N=9
H=A/((N+1)*3+B)
```

b) Man löse die gleiche Aufgabe für die Befehlsfolge

```
REAL A1
INTEGER H,B
A1=10.
B=3
H=-A1/B+(B-A1)*B
```

Nun noch eine Schlußbemerkung zum Ablochen der einzelnen Befehle. Um eine bessere Übersicht zu erhalten, ist es erlaubt (z.B. in arithmetischen Ausdrücken), Leerzeichen einzufügen. Die Leerzeichen dürfen überall stehen, nur nicht in Schlüsselwörtern, in Variablennamen oder in der Ziffernfolge einer Konstanten.

Wir haben bisher beschrieben, welche Zeichen im Fortran-Programm benutzt werden können und wie ein Programm auf Lochkarten übertragen wird. Damit dieses Programm von der Rechenanlage bearbeitet werden kann, müssen der Rechenanlage bestimmte Steuerbefehle mitgeteilt werden. Diese Steuerbefehle sollen der Maschine sagen, daß es sich bei unserem Programm um ein Fortran-Programm handelt (es gibt noch andere Programmiersprachen, die ebenfalls die Programmierung der Rechenanlage ermöglichen), und daß unser Programm unter Umständen gewisse Daten bearbeiten soll.

Die Steuerbefehle sehen bei jeder Rechenanlage anders aus. Es empfiehlt sich daher, die Steuerkarten für die jeweils benutzte Anlage von einem erfahrenen Programmierer anfertigen zu lassen. Hier sollen nur die Steuerkarten angeführt werden, wie sie in unserem Rechenzentrum für Fortrankursteilnehmer vorgeschrieben sind. - Zum Bearbeiten eines Fortran-Programms sind die folgenden drei Steuerkarten erforderlich

a) Job-Karte

b) Data-Karte

c) End-Karte

Alle drei Kartenarten liegen in vorbereiteter Form im Locher-
Raum aus.

a) Die Job-Karte hat die Form

In den Spalten 10 bis 14 ist die Jobkarte durch die zugeteilte
Aufgaben-Nummer zu ergänzen, in den Spalten 16 und 17 durch die
zugeteilte Box-Nummer und ab Spalte 19 durch Ihren Namen. Auf
die Job-Karte folgen die Karten, die unser Fortran-Programm enthalten.

b) Hieran muß sich die Data-Karte anschließen, die folgendermaßen aussieht

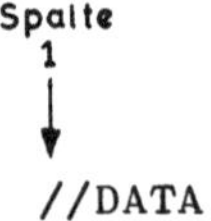

Nun können Datenkarten folgen (unabhängig hiervon muß die Data-
Karte vorliegen).

c) Der gesamte Job wird beendet durch die Endkarte, die ebenso
in jedem Fall vorliegen muß:

<u>Aufgabe 3.1</u>

Ergänzen Sie Ihre Programmkarten von Übung 3.1 durch die erforderlichen Steuerkarten zu einem vollständigen Job,und lassen Sie diesen von der Rechenanlage bearbeiten. Für den Fall, daß in Ihren Programmkarten Fehler enthalten sind, versuchen Sie die von der Rechenanlage mitgeteilte Fehlerdiagnose zu verstehen, und korrigieren Sie Ihre Karten für einen zweiten Programmlauf.

Ist Ihr Programm richtig bearbeitet worden, so identifizieren Sie die vom Programm ausgedruckten Zahlenwerte mit den benutzten Variablennamen. Um einmal eine Fehlerdiagnose der Rechenanlage zu erhalten, sollten Sie ruhig eine Programmkarte fehlerhaft abändern (etwa: Gleichheitszeichen oder Klammer weglassen, oder zweiten Dezimalpunkt setzen).

<u>Aufgabe 3.2</u>

Gegeben sind 4 Werte $a=1,5$

$b=1,6$

$c=1,2$

$d=1,7$

Berechnen Sie mit Hilfe der Rechenanlage den Mittelwert, und drucken Sie die Werte von a,b,c,d und den Mittelwert aus.

(Die Formel zur Berechnung des Mittelwertes lautet

$$m= \frac{a+b+c+d}{4} \quad).$$

4 Der Sprungbefehl und der Einlesebefehl

In der Aufgabe 3.2 waren nach der Speicherreservierung und deren Typfestlegung durch den Befehl

        REAL*4 A,B,C,D,M

den Variablen A,...,D die angegebenen Werte zuzuordnen durch die Befehlsfolge

        A=1.5
          .
          .
          .
        D=1.7

Anschließend war die Formel zur Mittelwertberechnung zu programmieren

        M=(A+B+C+D)/4.

Die Werte von A,...,D und M waren dann durch den Druckbefehl mit gekoppeltem Format-Statement anzugeben.

        WRITE(6,100)A,B,C,D,M
    100 FORMAT(1X,6E20.6)

Das Programm ist zu beenden durch die beiden Befehle

        STOP
        END

Diese Aufgabe wollen wir etwas abwandeln zu dem folgenden Problem.

    Gegeben sei nicht nur die eine Gruppe von je vier
    Meßwerten a,b,c,d, sondern es seien 15 Gruppen von je vier
    Meßwerten a,b,c,d gegeben, und es soll für jede Gruppe der
    Mittelwert berechnet und ausgegeben werden.

Kann man dieses Problem mit den Hilfsmitteln lösen, die bisher
dargestellt wurden?

Ja, das Problem ist mit den bisher erläuterten Befehlen lös-
bar. Man braucht nur das Programm der Aufgabe 3.2 insgesamt 15
mal in die Rechenanlage zu geben und vorher den Variablen
A,B,C,D die Werte der jeweiligen Gruppe zuzuweisen. Natürlich ist
dieses Verfahren nicht gerade empfehlenswert. Wir wollen uns jetzt
eine etwas elegantere Lösung des gestellten Problems ansehen.
Der Einfachheit halber wird das Programm angegeben und anschließend
erläutert.

```
//JOB   FKA01,19,NAME            <FUER FORTRAN IV...>
        REAL*4 A,B,C,D,M
     1 READ(5,101)A,B,C,D
   101 FORMAT(4E20.6)
        M=(A+B+C+D)/4.
        WRITE(6,100)A,B,C,D,M
   100 FORMAT(1X,6E20.6)
        GO TO 1
        STOP
        END
//DATA                            <FUER FORTRAN IV ...>
          1.5          1.6          1.2          1.7
        1.24E2        12.8E1       1.30E2       1.25E2
        3.1241        3.1250       3.1255       3.1246
          .            .            .            .
          .            .            .            .
          .            .            .            .
       -4.5E+1        -4.3E1       -43.0        -42.
//                                            ENDKARTE
```

Neu hinzugekommen sind in diesem Programm im Vergleich zur
Aufgabe 3.2 die drei Befehle

```
     1 READ(5.101)A,B,C,D
   101 FORMAT(4E20.6)
```

und

       GO TO 1

und darüber hinaus die 15 Datenkarten, die zwischen den Steuerkarten

      //DATA   <FUER FORTRAN IV...>

und

      //   ENDKARTE

liegen.

Durch den Befehl

      READ(5,101)

wird eine Datenkarte gelesen. Durch die Zahl 5 wird der Rechenanlage mitgeteilt, daß die Information durch den Kartenleser von der gerade vorliegenden Karte gelesen werden soll. Durch andere Zahlen wird angegeben, daß die Information von einem Lochstreifen, einem Magnetband oder einer Magnetplatte gelesen werden soll. Die angegebene Zahl muß mit bestimmten Angaben in zusätzlichen Steuerkarten korrespondieren, die hier nicht näher erläutert werden sollen.

Über die Nummer 101 wird der READ-Befehl mit einem Format-Statement gekoppelt. Dieses Format-Statement gibt der gerade gelesenen Karte eine Struktur oder "Maske". Diese Struktur hängt davon ab, was in den Klammern nach dem Schlüsselwort FORMAT steht. Da wir später noch sehr ausführlich auf das Format-Statement eingehen wollen, brauchen wir im Augenblick nur zu sagen, daß durch

      101 FORMAT(4E20.6)

auf der gelesenen Datenkarte vier Felder von je 20 Spalten strukturiert werden, in denen die Werte von A,B,C und D gelocht sein müssen. Für das Ablochen einer Zahl innerhalb eines Feldes

gilt, daß der Zwischenraum zwischen dem Ende der Zahl bis zum
Ende des Feldes mit Nullen aufgefüllt wird. Im Falle der Zahl 1,5
spielt es keine Rolle, an welcher Stelle des ersten Feldes wir
1.5 ablochen, da die angehängten Nullen den Wert der Zahl nicht
verändern. Falls wir jedoch die Zahl 1.24E2 $(=1,24 \cdot 10^2)$ nicht
rechtsbündig in das erste Feld schreiben, sondern etwa in Spalte
19 enden lassen, wird plötzlich durch das Anhängen einer Null aus
1.24E2 der Wert 1.24E20 $(=1,24 \cdot 10^{20})$.
Man sollte sich daher prinzipiell angewöhnen, die Zahlen <u>rechts-
bündig</u> in das vereinbarte Feld zu schreiben.

Durch den Befehl

        READ(5,101)A,B,C,D

wird   A   der Wert 1,5
            B   der Wert 1,6
            C   der Wert 1,2
und   D   der Wert 1,7   zugeordnet. Auf Grund der nachfolgenden Befehle wird für diese Werte der Mittelwert M berechnet,
und dann werden alle Werte von A,...,D und M ausgedruckt. Durch
den Befehl

        GO TO 1

wird die sequentielle Abarbeitung der Befehle unseres Programms
durchbrochen. Es wird zu dem Befehl mit der Statement-Nummer 1
gesprungen, also in unserem Fall zu

        1 READ(5,101)A,B,C,D

Diese Anweisung bewirkt nun das Lesen der zweiten Datenkarte. Es
wird

    der Variablen A der Wert 124 $(=1,24 \cdot 10^2)$
                  B der Wert 128
                  C der Wert 130
                  D der Wert 125

3 Lamprecht

zugeordnet, wodurch natürlich die alten Werte von A,..,D über-
schrieben sind. Für die neuen Werte wird der Mittelwert M berechnet und zusammen mit A,...,D ausgedruckt. Durch den "Sprungbefehl" GO TO 1 wird zum weiteren Einlesen zurückgesprungen.
Offensichtlich durchläuft die Rechenanlage in unserem Programm
eine sogenannte Schleife, in deren zeitlichem Ablauf alle 15
Datenkarten eingelesen und alle 15 gesuchten Mittelwerte berechnet und ausgedruckt werden.

Was geschieht nun nach dem Einlesen der fünfzehnten Datenkarte?
Die Karte, die nun im Kartenleser liegt, ist offensichtlich die
Endkarte

```
        //                                    ENDKARTE
```

Durch den Sprungbefehl GO TO 1 und den anschließend auszuführenden
READ-Befehl wird versucht, von dieser Karte Werte für die Variablen
A,...,D zu lesen. Dies führt zu einem Fehler, und unser Job wird
mit einer Fehlerdiagnose aus der Rechenanlage geworfen. Nun braucht
uns das nicht weiter zu stören, da alle Informationen, die wir
von der Rechenanlage erhalten möchten, bereits ausgedruckt sind.
Aber wir können uns einen etwas besseren Abgang verschaffen.

Man kann in dem READ-Statement abfragen, ob die Endkarte bereits vorliegt. Falls ja, kann zu einem - über die Statement-
Nummer anzugebenden - Statement gesprungen werden. In dem betrachteten Programm wird man sinnvollerweise zu dem STOP-Statement
springen. Der erweiterte READ-Befehl hat folgende Gestalt

```
        1 READ(5,101,END=2222)A,B,C,D
          .
          .
          .
     2222 STOP
          .
          .
          .
```

Liegt die Endkarte vor, wird zu dem Statement mit der nach dem
Schlüsselwort END= angegebenen Nummer gesprungen. In unserem

Fall zu dem STOP-Befehl. Lag noch eine Datenkarte vor, wird das Programm mit dem Befehl fortgesetzt, der auf das READ-Statement folgt.

In dem folgenden Beispiel werden wir sehen, daß die END-Bedingung innerhalb des READ-Befehls sehr praktisch ist.

Beispiel 4.1

Gegeben seien n Meßwerte $x_1, x_2, \ldots, x_n$.
Gesucht sind der Mittelwert dieser Meßwerte

$$m = \frac{1}{n} \sum_{i=1}^{n} x_i = \frac{1}{n} (x_1 + x_2 + x_3 + \ldots + x_n)$$

und die Varianz

$$v = \frac{1}{n} \sum_{i=1}^{n} (x_i - m)^2.$$

Programmiert man diese beiden Formeln, so muß zunächst der Mittelwert m berechnet werden, damit er anschließend in die Formel für die Varianz v eingesetzt werden kann. Erst dann können die Differenzen x_1-m, $x_2-m, \ldots, x_n-m$ gebildet werden. Dies hat zur Folge, daß alle Meßwerte $x_1, x_2, \ldots, x_n$ in der Rechenanlage gespeichert sein müssen, bis die Varianz v ausgerechnet ist. Besonders bei großen Werten von n dürfte dies auf Schwierigkeiten stoßen, da die Speichermöglichkeit einer jeden Rechenanlage beschränkt ist.

Formt man jedoch die Formel für die Varianz v um, so kommt man mit insgesamt 4 Variablen aus, um Mittelwert und Varianz zu berechnen - und zwar unabhängig von der Anzahl n der Meßwerte.

Es ist

$$v = \frac{1}{n} \sum_{i=1}^{n} (x_i - m)^2 = \frac{1}{n} \sum_{i=1}^{n} [x_i^2 - 2x_i m + m^2]$$

$$= \frac{1}{n} \sum_{i=1}^{n} x_i^2 - \frac{2m}{n} \sum_{i=1}^{n} x_i + \frac{m^2}{n} \sum_{i=1}^{n} 1$$

Wegen $\sum\limits_{i=1}^{n} 1=(1+1+1+\ldots+1)=n$ erhält man

$$v=\frac{1}{n}\sum_{i=1}^{n} x_i^2-m^2,$$

und diese Formel wollen wir nun programmieren. [*]

Nach der Umformung benötigen wir für die Meßwerte $x_1,x_2,\ldots,x_n$ nur einen einzigen Speicherplatz (siehe unten!), den wir mit x bezeichnen wollen. Für den Mittelwert m, die Varianz v und für x wollen wir Speicherplätze vom Typ "Gleitkommazahl, einfache Genauigkeit" reservieren. Die Anzahl n der Meßwerte soll vom Typ Integer sein; die Größe von n   wollen wir im Programm bestimmen.

```
//JOB     FKA01,19,NAME              ⟨FUER FORTRAN IV...⟩
         REAL M,V,X
         INTEGER N
```

Damit ist der sogenannte Deklarationsteil des Programms beendet, d.h. jener Teil, in dem die benutzten Variablen aufgezählt ("deklariert") werden.

Nun weisen wir den Variablen N,M und V den Wert Null zu

```
         N=0
         M=0.
         V=0.
```

Man kann nämlich nicht davon ausgehen, daß die benutzten Speicherplätze zu Beginn des Programms gelöscht sind, d.h. auf

---

[*] Die angegebene Formel darf man nicht ganz bedenkenlos verwenden: Liegen die Werte $x_1,\ldots,x_n$ sehr nahe beieinander, ohne dass sie identisch sind, so kann sich für die Varianz v, berechnet nach der Formel

$$\frac{1}{n}\sum_{i=1}^{n} x_i^2-m^2$$

ein zu kleiner- oder durch Rundungsfehler sogar negativer - Wert ergeben, während sich nach der Definitionsformel der richtige Wert berechnen lässt.

den Speicherplätzen kann noch irgendeine Zahlenverschlüsselung
aus einem vorhergehenden Programm stehen. Es darf daher ein
Variablenname erst dann auf der rechten Seite eines Zuweisungs-
zeichens ("=") stehen, wenn dieser Variablen zuvor ein Wert zugewiesen wurde, sei es durch einen Einlesebefehl oder sei es durch
eine explizite Wertzuweisung wie oben.

Durch den Befehl

$$1111 \ READ(5,101,END=30)X$$

in Verbindung mit dem Format-Statement

$$101 \ FORMAT(4E20.6)$$

wird auf den Speicherplatz X der Meßwert x_1 gelesen, der auf der
ersten Datenkarte in den ersten 20 Spalten abgelocht sein muß.

Durch die Befehlsfolge

$$N=N+1$$
$$M=M+X$$
$$V=V+X*X$$

wird der Inhalt des Speicherplatzes N um 1
der Inhalt des Speicherplatzes M um X $(=x_1)$
der Inhalt des Speicherplatzes V um X*X $(=x_1^2)$
erhöht. Da vorher auf allen 3 Plätzen der Wert 0 stand, haben
jetzt die Variablen N,M und V die Inhalte 1, x_1 und x_1^2.

Durch den Befehl

$$GO \ TO \ 1111$$

wird zu dem Statement mit der Nummer 1111 zurückgesprungen,
das ist der Befehl

$$1111 \ READ(5,101,END=30)X$$

Damit wird die nächste Datenkarte gelesen. Der Wert ($=x_2$), der in den ersten 20 Spalten der Karte abgelocht ist, wird der Variablen X zugeordnet. Auf dem Speicherplatz X steht also jetzt der Meßwert x_2.

Durch die Befehlsfolge

$$N=N+1$$
$$M=M+X$$
$$V=V+X*X$$

die nun wieder durchlaufen wird, werden

der Inhalt des Speicherplatzes N um 1
der Inhalt des Speicherplatzes M um X ($=x_2$)
der Inhalt des Speicherplatzes V um X*X ($=x_2^2$)

erhöht. Also stehen jetzt auf den Plätzen N,M und V die Werte $1+1=2$, x_1+x_2, $x_1^2+x_2^2$.
Der Rücksprung

GO TO 1111

führt zum Lesen der nächsten Datenkarte u.s.w.

Findet die Rechenanlage nach Einlesen aller Datenkarten die Endkarte

//   ENDKARTE

vor, so springt sie auf Grund der Endbedingung END=30 zu dem Statement mit der Nummer 30, das wir jetzt angeben müssen. Zuvor eine Frage:

Welche Werte stehen auf den Speicherplätzen mit Namen N,M und V in dem Augenblick, in dem die Endkarte entdeckt wird?

Auf dem Speicherplatz N steht die Anzahl der gelesenen Karten; da diese mit der Anzahl n der Meßwerte identisch ist, steht auf N die Zahl n.
Auf dem Speicherplatz M steht der Wert der Summe

$$\sum_{i=1}^{n} x_i = x_1 + x_2 + \ldots + x_n$$

und auf dem Speicherplatz V steht der Wert der Summe

$$\sum_{i=1}^{n} x_i^2 = x_1^2 + x_2^2 + \ldots + x_n^2 .$$

Vergleichen wir diesen Sachverhalt mit den Formeln, die wir programmieren wollten, so brauchen wir den Inhalt des Speicherplatzes M nur noch durch n zu dividieren, um den gesuchten Mittelwert zu erhalten. Auch die Varianz v ist schon fast berechnet. Daher noch die folgenden Befehle

```
   30 M=M/N
      V=V/N-M*M
```

Man beachte, daß in der letzten Zeile auf dem Speicherplatz M bereits der Mittelwert steht.

Hiermit sind nun Mittelwert und Varianz berechnet und können ausgedruckt werden.

```
      WRITE(6,100)M,V
  100 FORMAT(1X,6E20.6)
```

Durch

```
      STOP
      END
```

kann das Programm beendet werden. Es folgen nun noch die Steuer- und die Datenkarten.

//DATA   < FUER FORTRAN IV... >

$$
\left.\begin{array}{l}
1.34 \\
1.28 \\
1.22 \\
1.35 \\
\quad . \\
\quad . \\
\quad . \\
1.41
\end{array}\right\}
$$

insgesamt n Datenkarten mit den Meßwerten $x_1, \ldots, x_n$, abgelocht in den ersten 20 Spalten einer jeden Datenkarte.

//   ENDKARTE

Hiermit ist das gestellte Problem gelöst. -
Häufig interessiert neben der Varianz v noch die Streuung s,
die sich aus v errechnen läßt

$$
s = \sqrt{v} = v^{\frac{1}{2}} = v^{0,5}
$$

Die Potenzierung wird im Fortran durch zwei aufeinanderfolgende
Multiplikationszeichen codiert, so daß der Befehl zur Berechnung
der Streuung lautet

```
S=V**0.5
```

An welcher Stelle des Programms ist dieser Befehl einzufügen,
und welche Statements sind noch zu ändern, um die Streuung
zu berechnen und ausdrucken zu lassen?

a) Einzufügen ist der Befehl zwischen

```
V=V/N-M*M
```

und

```
WRITE(6,100) ...
```

b) Zu ändern sind

```
REAL M,V,X,S
```

und der Druckbefehl

    WRITE(6,100)M,V,S

Bei der Potenzierung ist folgendes zu beachten. Ist die Hochzahl eine Konstante vom Typ REAL oder eine Variable vom Typ REAL, so wird die Potenz mit Hilfe der Logarithmenfunktion berechnet. Ist die Hochzahl eine Konstante vom Typ INTEGER oder Variable vom Typ INTEGER, so wird die Potenzierung auf die wiederholte Multiplikation zurückgeführt. So kommt es, daß der Befehl

    Z1=(-0.5)**2.0

zu einer Fehlermeldung führt und der Job abgebrochen wird (die Logarithmenfunktion ist für negative Argumente nicht definiert), während bei dem Befehl

    Z2=(-0.5)**2

der gewünschte Wert richtig berechnet wird.

Aufgabe 4.1

Schreiben Sie die einzelnen Befehle von Beispiel 4.1 heraus, fügen Sie die Steuerkarten und Datenkarten hinzu und lochen Sie das Programm ab. Ergänzen Sie an den Ihnen wichtig erscheinenden Stellen Kommentarkarten, auf denen Sie den Programmablauf erläutern.

Aufgabe 4.2

Man hat eine statistische Erhebung gemacht, um zu untersuchen, in welchem Zusammenhang das Rauchen mit dem Husten steht. Es sei

x_i: die Anzahl der von der Person i pro Tag gerauchten Zigaretten

y_i: Anzahl der Hustenanfälle der Person i pro Tag.

Aufschluß über einen (linearen) Zusammenhang kann der sogenannte Korrelationskoeffizient r geben:

$$r = \frac{\frac{1}{n}\sum_{i=1}^{n}(x_i-\bar{x})\cdot(y_i-\bar{y})}{\sqrt{\frac{1}{n}\sum_{i=1}^{n}(x_i-\bar{x})^2 \cdot \frac{1}{n}\sum_{i=1}^{n}(y_i-\bar{y})^2}} \quad,$$

wobei $\bar{x}$ und $\bar{y}$ die Mittelwerte der Meßwerte x_i, y_i $\quad(i=1,\ldots,n)$

sind. $(\bar{x}=\frac{1}{n}\sum_{i=1}^{n}x_i \quad, \quad \bar{y}=\frac{1}{n}\sum_{i=1}^{n}y_i)$

Der Korrelationskoeffizient r kann zwischen -1 und +1 schwanken. Man spricht von starker Korrelation, wenn r betragsmäßig nahe bei 1 liegt.

Falls Ihnen die obige Formel für den Korrelationskoeffizienten vertraut ist, formen Sie sie so um, daß Sie die neue Formel mit möglichst wenigen Variablen programmieren können.

Falls Ihnen die obige Gleichung neu war, vergleichen Sie die folgende (äquivalente) Formel

$$r = \frac{\frac{1}{n}\sum_{i=1}^{n}x_i y_i - \bar{x}\,\bar{y}}{\sqrt{(\frac{1}{n}\sum_{i=1}^{n}x_i^2-\bar{x}^2)(\frac{1}{n}\sum_{i=1}^{n}y_i^2-\bar{y}^2)}}$$

mit der Formel aus dem Beispiel_4_.1 für die Varianz v.

Programmieren Sie die Formel für den Korrelationskoeffizienten. Gehen Sie bei dem Programm davon aus, daß pro Person eine Datenkarte gelocht ist, und zwar der Wert von x_i in den ersten 20 Spalten und der Wert y_i in den anschließenden 20 Spalten. (Damit kann man den Einlesebefehl in der angegebenen Weise benutzen:

```
      READ(5,101,END=...)X,Y
  101 FORMAT(4E20.6)
```

Auf den Datenkarten müssen die Werte mit Dezimalpunkt gelocht
werden!)

5 Das logische IF-Statement

Wir wollen diesen Paragraphen mit einer Aufgabe beginnen, auf deren Lösung wir anschließend aufbauen wollen.

<u>Aufgabe 5.1</u>

Schreiben Sie ein Programm zur Berechnung des Polynoms

$$y=2x^2+3x+1.$$

Die Werte -1.0,- 0.9, - 0.8,...,0.4 und 0.5 sind nacheinander für x einzulesen, und der zugehörige Polynomwert y ist zu berechnen. Der eingegebene Wert x und der zugehörige Wert y sind auszudrucken.

In der gerade gestellten Aufgabe unterscheidet sich jeder folgende x-Wert von dem vorhergehenden durch den konstanten Wert 0,1. Es ist daher zweckmäßiger, die einzelnen x-Werte im Programm berechnen zu lassen, anstatt sie über Datenkarten einzugeben. Dies kann durch folgendes Programm geschehen.

```
//JOB     FKA01,19,NAME            <FUER FORTRAN IV...>
         REAL X,Y
         X=-1.
   1111  Y=(2.*X+3.)*X+1.
         WRITE(6,100)X,Y
    100  FORMAT(1X,6E20.6)
         X=X+0.1
         GO TO 1111
         STOP
         END
//DATA                             <FUER FORTRAN IV...>
//                                 ENDKARTE
```

Offensichtlich werden die Werte des Polynoms (oder der Funktion) y an den Stellen x=-1, -0.9, -0.8,... berechnet.

Argumentwert x und Funktionswert y werden ausgedruckt. Doch warum ist das Programm nicht in Ordnung?

Das Polynom wird nicht nur für x=-1, -0.9 bis 0.5 (einschließlich) berechnet und ausgedruckt, sondern auch für 0.6, 0.7,... . Das Programm besitzt eine Schleife, die immer wieder durchlaufen wird. Das Statement STOP kann von der Maschine nicht erreicht werden. Der Rücksprung

$$\text{GO TO } 1111$$

muß also modifiziert werden. Es muß ein Befehl der folgenden Art vorgesehen sein

"Wenn x kleiner oder gleich 0,5 ist, springe zum Statement Nr. 1111 zurück."

Im Fortran lautet dieser Befehl

$$\text{IF(X.LE.0.5)GO TO } 1111$$

Dabei bedeutet .LE. "less than or equal" (mit mathematischem Zeichen $\leq$), und der Rücksprung wird ausgeführt, falls x nicht größer als 0,5 ist.

.LE. ist ein sogenannter Vergleichsoperator oder allgemeiner gesagt: ein logischer Operator. Alle logischen Operatoren sind in Punkte einzuschließen. Dadurch wird verhindert, daß die Operatoren mit vorausgegangenen oder nachfolgenden Variablennamen zu einem neuen Namen zusammengefaßt werden.

Weitere Vergleichsoperatoren sind

.LT.	less than	mit mathematischem Zeichen			$<$
.GT.	greater than	"	"	"	$>$
.GE.	greater than or equal	"	"	"	$\geq$
.EQ.	equal	"	"	"	$=$
.NE.	not equal	"	"	"	$\neq$

Dabei werden jeweils 2 arithmetische Ausdrücke miteinander verglichen; so ist z.B.

$$IF(2.*X-4./Z .GT. -18.5)GO \ TO \ 1111$$

ein formal zulässiges logisches IF-Statement. Der Sprungbefehl
GO TO 1111 wird ausgeführt, wenn die Aussage:

$$2.*X-4./Z \quad \text{ist größer als} \ -18.5$$

wahr ist. Ist die Aussage falsch, wird das Programm mit dem Befehl
fortgesetzt, der dem logischen IF-Statement folgt. Vor dem eigent-
lichen Vergleich werden die arithmetischen Ausdrücke ausgewertet.
Verglichen werden also die Endergebnisse, wobei es keine Rolle
spielt, welchen Typ die zu vergleichenden Größen haben.

Nun wollen wir kurz darauf eingehen, daß man zwei oder mehr
logische Aussagen - wie in der formalen Logik üblich - miteinander
verknüpfen kann. Die Operatoren zur Verknüpfung sind

.AND.	für das logische UND
.OR.	für das logische ODER
.NOT.	für die Verneinung.

Durch diese Verknüpfungen kommt man zu sogenannten logischen Ausdrücken oder Booleschen Ausdrücken, die entweder den Wert

.TRUE.	(d.h. wahr) oder
.FALSE.	(d.h. falsch)

besitzen können. Ebenso, wie man für Variable den Typ REAL oder
INTEGER festlegen kann, besteht die Möglichkeit, zu vereinbaren,
daß gewisse Variable die logischen Werte .TRUE. oder .FALSE. annehmen sollen. Dies geschieht durch das Schlüsselwort

LOGICAL   und das Aufzählen der Variablennamen.

Hierdurch wird zusätzlich die Reservierung eines Speicherplatzes
von 4 Bytes pro Variable vorgenommen. Durch das Schlüsselwort

LOGICAL*1   und das Aufzählen der Variablennamen

wird nur 1 Byte pro Variable reserviert.

Die logischen Operatoren besitzen in einem logischen Ausdruck
ebenfalls eine gewisse Rangfolge, die die Auswertung des Ausdruckes
eindeutig festlegt. Wir wollen dies jedoch nicht weiter verfolgen.

Beispiel 5.1

```
REAL X1,Y1,X2,Y2
INTEGER NX,NY
LOGICAL*1 A,INTX,INTY
X1=1.5
X2=8.3
Y1=3.2
Y2=6.8
NX=...
NY=...
(NX und NY mögen irgendwelche ganzzahligen Werte
zugewiesen bekommen)
INTX=(NX.GT.X1).AND.(NX.LT.X2)
INTY=(NY.GT.Y1).AND.(NY.LT.Y2)
A=INTX.AND.INTY
```

A besitzt den Wert .TRUE., wenn der Punkt (NX,NY) in dem folgenden
schraffierten Rechteck liegt, und sonst den Wert .FALSE.

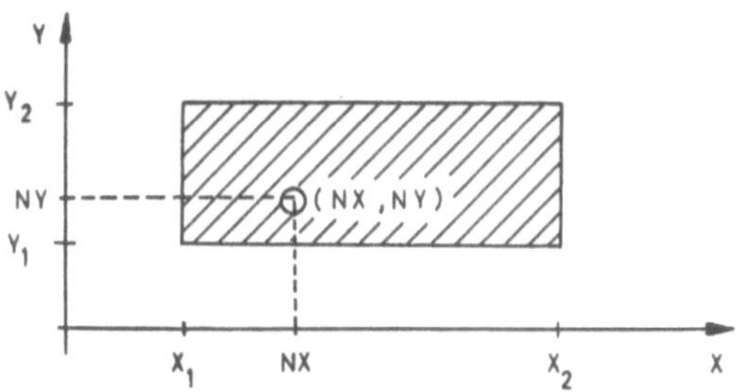

Wir haben bisher die IF-Abfrage nur im Zusammenhang mit einem
Sprungbefehl kennengelernt. Dies ist durch das Beispiel bedingt
gewesen. Das IF-Statement kann man noch allgemeiner verwenden;
die allgemeine Form lautet

IF(1A)S

Dabei steht 1A für einen logischen Ausdruck

und   S für·ein ("ausführbares") Statement.

Im Verlauf des Kurses werden hierzu noch mehrere Beispiele folgen. Hier sei nur eins angegeben:

Will man auf den Platz Z den Absolutbetrag von B speichern, so kann dies durch die beiden Befehle

IF(B.GE.0)Z=B
IF(B.LT.0)Z=-B

geschehen oder einfacher durch die beiden Befehle

Z=B
IF(Z.LT.0)Z=-Z

Aufgabe 5.2

Ändern Sie Aufgabe 5.1 so ab, daß (ohne Einlesebefehl) nacheinander die Funktionswerte

$y=2x^2+3x+1$
für x=0.5, 0.4,...,-0.9, -1.0

ausgedruckt werden.

Aufgabe 5.3

Gegeben ist eine Folge von (ungeordneten) Gleitkommazahlen. Bitte schreiben Sie ein Programm, das die Zahlen einliest, die größte und die kleinste Zahl aus der Zahlenfolge heraussucht und anschließend ausdruckt.
(Gehen Sie davon aus, daß auf jeder Datenkarte eine Zahl mit Dezimalpunkt in den Spalten 1 bis 20 abgelocht ist).

6 Variablenfelder („Arrays"); Vektoren, Matrizen

Wir wollen nun folgende Aufgabe programmieren:

Gegeben seien $(n+1)$ Koeffizienten $a_1, a_2, \ldots, a_n, a_{n+1}$; gesucht wird für verschiedene Werte x der Polynomwert

$$y = \sum_{j=1}^{n+1} a_j x^{j-1} = a_1 + a_2 x + a_3 x^2 + \ldots + a_n x^{n-1} + a_{n+1} x^n$$

Das Programm soll so allgemein geschrieben werden, daß zu beliebig vorgegebenem Polynomgrad n, beliebigen Koeffizienten $a_1, \ldots, a_{n+1}$ und beliebigem Argument x der Funktionswert y berechnet wird.

Warum können wir die Aufgabe mit den bisher kennengelernten Hilfsmitteln in der geforderten Allgemeinheit nicht oder nur sehr umständlich lösen? - Man muß für $a_1, a_2, \ldots, a_{n+1}$ Variablennamen einführen. Wieviele Variablen sind für die Koeffizienten explizit vorzusehen? Wie soll der arithmetische Ausdruck zur Berechnung von y aussehen? (Die Punkte in der obigen Formel kann man ja nicht angeben).

Im Fortran wird zur Lösung dieser Schwierigkeit folgendes angeboten. Die Koeffizienten $a_1, a_2, \ldots, a_{n+1}$ werden nicht einzeln deklariert, d.h. es wird ihnen nicht einzeln ein Variablenname und ein Typ zugewiesen, sondern die Koeffizienten werden zunächst zu einem Vektor $a = (a_1, a_2, \ldots, a_n, a_{n+1})$ zusammengefaßt. Dies ist auch mathematisch sinnvoll. Der ersten Komponente des Vektors a entspricht der Koeffizient a_1, der zweiten Komponente der Koeffizient a_2 u.s.w. Für den gesamten Vektor wird

 ein Variablenname

 ein Typ   und

 eine "Länge" (= Anzahl der Komponenten)

vereinbart. So legt beispielsweise der Befehl

   REAL A(20)

einen Vektor fest, der den Namen A hat und aus 20 Komponenten
besteht, die alle den Typ "Gleitkommazahl einfache Genauigkeit"
besitzen.

Die einzelnen Komponenten des Vektors A kann man anschließend
im Programm mit

$$A(1), \ A(2), \ u.s.w. \ bis \ A(20)$$

aufrufen. Besitzt die Integerzahl N den Wert 5, so wird beispielsweise durch

$$A(N+1)=-86.3$$

der sechsten Komponente von A der Wert -86,3 zugeordnet.

Für Vektoren sind also die gleichen Möglichkeiten der Typen-
und Namenvereinbarungen wie bei den früher besprochenen ("einfachen") Variablen gegeben. Hinzugekommen ist nur die Längenver-
einbarung. Man kann übrigens die Deklaration von Vektoren mit
der von einfachen Variablen mischen. So bedeutet

$$INTEGER*2 \ N,K(100),J,I,L1(300),G,H3$$

daß für die einfachen Variablen N,J,I,G,H3 je ein Speicherplatz
der Länge 2 Bytes, für den Vektor K insgesamt 100 Speicherplätze
von je 2 Bytes und für L1 insgesamt 300 Speicherplätze von je
2 Bytes reserviert werden. Im Kernspeicher werden hintereinander
die Plätze für

$$N,K(1),...,K(100),J,I,L1(1),..,L1(300),G,H3$$

reserviert. Man kann also davon ausgehen, daß auf den Speicherplatz N der Speicherplatz der Komponente K(1) folgt, auf K(100)
der Speicherplatz J u.s.w.

Leider muß man bei der Deklaration eines Vektors für die
Längenangabe eine explizite Zahl angeben. So muß man auch dann,
wenn der Variablen N der Wert 100 zugewiesen wurde, statt

```
            REAL K(N)
schreiben   REAL K(100)
```

wobei bei keinem späteren Aufruf einer Komponente von K der
Index den Wert 100 überschreiten darf. Man beachte außerdem,
daß ein negativer Index oder der Index Null nicht erlaubt sind -
wie es bei der Programmierung mancher Formel wünschenswert wäre -:
die erste Komponente eines Vektors ist immer durch den Index 1
gekennzeichnet.

  Nun können wir die gestellte Aufgabe lösen. Wegen der auftreten-
den Rundungsfehler ist es bei einfacher Genauigkeit kaum sinnvoll,
den Polynomgrad n größer als 20 zu wählen . - Warum geben wir in
der Deklaration trotzdem A(21) an? Der größte Index bei den
Koeffizienten hat den Wert n+1, also ist maximal 20+1 möglich.

```
            REAL*4 X,A(21),Y
            INTEGER I,N
```

```
In dem hier nicht aufgeführten Programmteil
erhalten

        N
        A(1),...,A(N+1)
und     X

Werte zugewiesen.
```

```
        I=1
        Y=0.
    10  Y=Y+A(I)*X**(I-1)
        I=I+1
        IF(I.LE.N+1)GO TO 10
        WRITE(6,100)X,Y
   100  FORMAT(1X,6E20.6)
        STOP
        END
```

(Der Wert von x muß von Null verschieden sein, weil sonst im
Statement mit der Nummer 10
$$0^0$$
auftritt; dies ist nicht erlaubt.)

Bitte machen Sie sich klar, daß in der im Programm angegebenen Schleife genau die Formel

$$y = \sum_{j=1}^{n+1} a_j x^{j-1} = a_1 + a_2 x + a_3 x^2 + \ldots + a_{n+1} x^n$$

programmiert worden ist.

Da man in mathematischen Formeln meistens ganzzahlige Indizes benutzt, gibt man in der Programmiersprache Fortran den Indizes den Typ INTEGER oder INTEGER*2. Dies ist natürlich unabhängig davon, welchen Typ das zugehörige Feld hat.

<u>Übung 6.1</u>

Bei dem gerade behandelten Beispiel wurde zur Polynomberechnung direkt die Formel

$$y = \sum_{j=1}^{n+1} a_j x^{j-1}$$

programmiert. Zur Auswertung dieser Formel werden

        (n+1) Multiplikationen

und   (n+1) Potenzierungen

benötigt. Formt man die Vorschrift zur Berechnung des Polynoms ein wenig um (sog. Horner-Schema), so kommt man mit (n+1) Multiplikationen aus:

$$y = ((\ldots(((a_{n+1} \cdot x + a_n) \cdot x + a_{n-1}) \cdot x + a_{n-2}) x + \ldots + a_2) x + a_1$$

Man überzeuge sich davon, daß dieser Ausdruck das Polynom

$$y = \sum_{j=1}^{n+1} a_j x^{j-1}$$

berechnet. Die zugehörige Programmschleife lautet jetzt

```
        .
        .
        .
     Y=0.
     I=N+1
  10 Y=Y*X+A(I)
     I=I-1
     IF(I.GE.1)GO TO 10
     WRITE(6,100)X,Y
        .
        .
        .
```

Bitte vergegenwärtigen Sie sich den Unterschied in beiden Programmschleifen, und spielen Sie die beiden Programmausschnitte durch.

Aufgabe 6.1

Vervollständigen Sie bitte das Programm zur Berechnung eines Polynomwertes, indem Sie die Werte für die Variablen N,X, A(1), A(2),...,A(N+1) einlesen. Testen Sie das Programm an einem einfachen Beispiel aus.

Anleitung:

Zum Einlesen der angegebenen Größen verwenden Sie bitte folgende Statements

```
     READ(5,102)N,X
 102 FORMAT(I10,3E20.6)
     I=1
   1 READ(5,101)A(I)
 101 FORMAT(4E20.6)
     I=I+1
     IF(I.LE.N+1)GO TO 1
```

In der ersten Datenkarte muß der Wert für den Grad n des Polynoms in den ersten 10 Spalten rechtsbündig gelocht sein (ohne Dezimalpunkt), in den nächsten 20 Spalten der ersten Karte ist der Wert für x abzulochen.

1. Datenkarte:

In den folgenden (n+1) Karten müssen in den ersten 20 Spalten
die Werte für die Koeffizienten $a_1, a_2, \ldots, a_{n+1}$ gelocht sein.

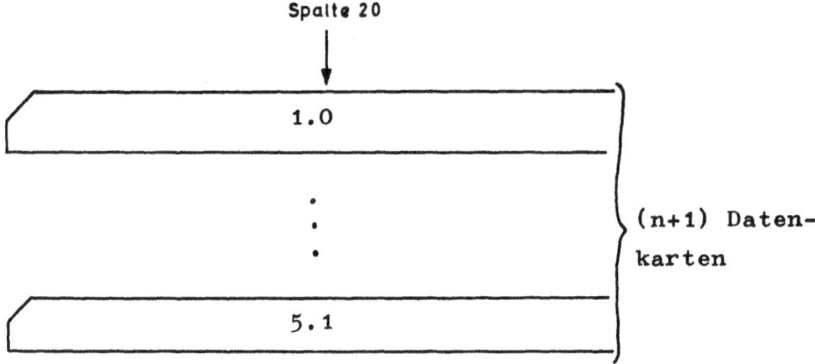

In manchen Fällen möchte man beim Programmieren nicht nur -
wie bisher besprochen - auf einfache Variable oder auf Vektoren
(= eindimensionale Felder) zurückgreifen, sondern über mehrdimensionale Felder verfügen können, d.h. über "Arrays", deren
Elemente oder Komponenten sich durch mehrere Indizes aufrufen
lassen. So ist z.B. a_{ikj} ein Element einer dreidimensionalen
Matrix. Wir werden hier nur auf zweidimensionale Matrizen
$A = (a_{ik})_{\substack{i=1,\ldots,n \\ k=1,\ldots,m}}$ eingehen; möglich sind aber prinzipiell Felder
mit bis zu 7 Dimensionen.

Wieder ist in einer Deklaration der Typ und die Größe des
Feldes anzugeben. Die Größenangabe geschieht durch explizite
Zahlenangabe der maximal zulässigen Indizes. Beispielsweise werden

durch

$$INTEGER*4\ B(20,30)$$

600 Speicherplätze für die Matrix B reserviert, die alle den Typ INTEGER*4 besitzen. Der erste Index von B (d.h. der Zeilenindex) darf von 1 bis 20 (einschließlich), der zweite Index (Spaltenindex) darf von 1 bis 30 laufen. Nach der Deklaration von B kann man jedes Element b_{ik} der Matrix B durch

$$B(I,K) \qquad \text{mit I von 1 bis 20}$$
$$\text{und K von 1 bis 30}$$

aufrufen.

Als erläuterndes Beispiel soll die Multiplikation zweier Matrizen angegeben werden.

Beispiel 6.1

Gegeben seien zwei Matrizen

$$A = (a_{ik})_{\substack{i=1,\ldots,n \\ k=1,\ldots,m}} \qquad \text{und} \quad B = (b_{kj})_{\substack{k=1,\ldots,m \\ j=1,\ldots,l}}$$

Gesucht ist die Produktmatrix

$$C = A \cdot B$$

die bekanntlich l Spalten und n Zeilen besitzt.

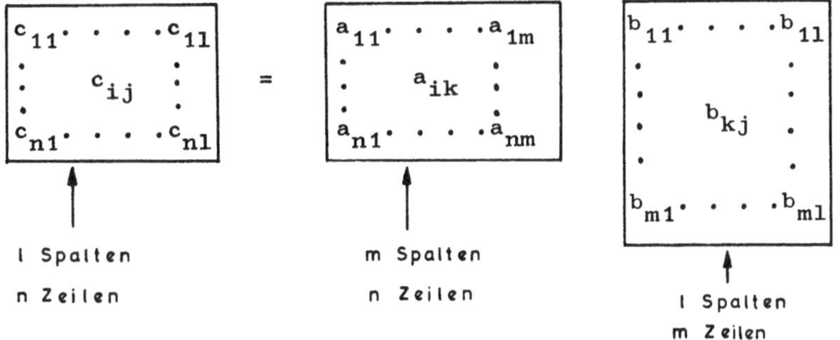

Formelmäßig berechnen sich die Elemente c_{ij} der Matrix C nach

$$c_{ij} = \sum_{k=1}^{m} a_{ik}b_{kj} \qquad \text{für } i=1,\ldots,n$$
$$j=1,\ldots,l$$

Diese Formel wollen wir nun programmieren, wobei wir annehmen: n=4, l=3, m=5.

```
REAL A(4,5), B(5,3), C(4,3),S
INTEGER*2 I,J,K,L,M,N
N=4
L=3
M=5
```

In dem nicht aufgeführten Programmteil erhalten die Elemente der Matrizen A und B Werte zugewiesen

```
      I=1
   10 J=1
   20 S=0.
      K=1
   30 S=S+A(I,K)*B(K,J)
      K=K+1
      IF(K.LE.M)GO TO 30
      C(I,J)=S
      J=J+1
      IF(J.LE.L)GO TO 20
      I=I+1
      IF(I.LE.N)GO TO 10
    C ALLE ELEMENTE C(I,J) DER MATRIX C SIND BERECHNET
```

Spielen Sie bitte den hier angegebenen Programmausschnitt vollständig durch. Es wird später als selbstverständlich angesehen, daß Sie derartige sogenannte "ineinandergeschachtelte Schleifen" zu handhaben verstehen.

In der Mathematik verwendet man gern die Buchstaben
i,j,k,l,m,n als Indizes der Elemente von Matrizen oder von
Vektoren. Gewöhnlich besitzen die Indizes ganzzahlige Werte.
Dieser Handhabungsweise wird in der Programmiersprache Fortran
dadurch Rechnung getragen, daß alle Variablennamen, die mit

$$I,J,K,L,M \text{ oder } N$$

beginnen, automatisch den Typ INTEGER*4 zudiktiert bekommen,
falls die betreffenden Namen nicht explizit deklariert worden
sind. - Variablennamen, die mit einem Dollarzeichen $ oder mit
einem von I,J,K,L,M,N verschiedenen Buchstaben beginnen, erhalten
automatisch den Typ REAL*4 zugewiesen, falls sie nicht explizit
deklariert wurden.

Wie hat man sich nun die Speicherplatzreservierung vorzustellen,
d.h. die zweite Aufgabe, die nach unserer Darstellung das REAL-
bzw. INTEGER-Statement übernahm?

Beim ersten Auftreten eines Variablennamens im Programm wird
überprüft, ob der Name bereits (explizit) deklariert wurde. Falls
dies nicht der Fall ist, wird dem Namen ein Typ und zusätzlich
ein Speicherplatz von 4 Bytes zugeordnet.

Die dritte Aufgabe der Deklarations-Statements, die nur bei
der Deklaration von Feldern auftritt, nämlich die Angabe der
Länge, kann nicht automatisch von der Rechenanlage übernommen
werden. Bei Arrays muß man also auf die explizite Deklaration
zurückgreifen, wie sie in diesem Paragraphen 6 beschrieben wurde.
Will man auch bei Feldern die gerade beschriebene Konvention über
den "vordefinierten Variablentyp" benutzen, so muß man der
Rechenanlage über den Befehl

DIMENSION

die Vektor- und Matrizennamen und die zugehörigen maximalen In-
dexwerte mitteilen. Der Dimension-Befehl hat sonst die gleiche
Form wie die bereits beschriebenen expliziten Deklarationen.

Man kann also statt

```
REAL S(100),X1(10,20)
INTEGER N5(500)
```

schreiben

```
DIMENSION S(100),X1(10,20),N5(500)
```

Wir wollen trotz dieser Möglichkeit aus verschiedenen systematischen Gründen stets die explizite Deklaration benutzen.

Aufgabe 6.2

Das folgende Programm enthält eine Reihe von Verstößen gegen die Regeln der Programmiersprache Fortran. Bitte geben Sie die Fehler an. Was wird durch das (berichtigte) Programm berechnet?

```
//JOB    FKAO1,19,NAME          <FUER FORTRAN IV...>
        INTEGER*2 I,N
        REELL A(N),Y,X
        N=3
        I=1
100     READ(5,101)A(I)
        I=I+1
        IF(I.LE.N+1)GO TO 100
        I=N+1
        Y=0.
3       Y=Y*X+A(I)
        I=I-1
        IF I.GE.1 GO TO 3.
        X=-5.
        WRITE(6.100)X,Y
100     FORMAT(1X,6E20,6
        STOP
        ENDE
//DATA                          <FUER FORTRAN IV...>
```

$$A(1)=1.5$$
$$3.4$$
$$7.1$$
$$8.5$$

//   ENDKARTE

Falls Sie nicht wissen, was die Determinante einer Matrix ist, fahren Sie bitte mit Paragraph 7 fort; im anderen Fall lösen Sie bitte die folgende Aufgabe.

Aufgabe 6.3[*]

Berechnen Sie die Determinante einer gegebenen (n×n)-Matrix.

Anleitung:

Die Determinante einer Matrix berechnet man zweckmäßigerweise, indem man durch Linearkombinationen - etwa der Zeilen - alle Elemente, die unterhalb der Hauptdiagonalen stehen, zu Null macht.

Ist $A=(a_{ik})_{\substack{i=1,\dots,n \\ x=1,\dots,n}}$ die gegebene Matrix

so wird A überführt in

$$A' = \begin{pmatrix} a_{11} & a_{12} & \cdots & \cdots & a_{1n} \\ 0 & a'_{22} & \cdots & \cdots & a'_{2n} \\ \vdots & \vdots & & & \vdots \\ 0 & a'_{n2} & \cdots & \cdots & a'_{nn} \end{pmatrix}$$

und anschließend A' in

$$A'' = \begin{pmatrix} a_{11} & a_{12} & a_{13} & \cdots & \cdots & a_{1n} \\ 0 & a'_{22} & a'_{23} & \cdots & \cdots & a'_{2n} \\ 0 & 0 & a''_{33} & \cdots & \cdots & a''_{3n} \\ \vdots & \vdots & \vdots & & & \vdots \\ 0 & 0 & a''_{n3} & \cdots & \cdots & a''_{nn} \end{pmatrix}$$
                                                       u.s.w.

Da man jeweils durch das Diagonalelement a_{11}, a'_{22}, a''_{33} u.s.w.
zu dividieren hat, muß man sicher sein, daß dieses von Null verschieden ist. Verschwindet ein Diagonalelement und ist ein Element dieser Spalte unterhalb der Diagonalen von Null verschieden,
so kann man durch Zeilenvertauschung dieses Element in die Dia-
gonale bringen (hierbei ändert sich nur das Vorzeichen der Determinante). Verschwinden alle Elemente der gerade betrachteten Spalte unterhalb und auf der Diagonalen, so hat die Determinante den
Wert Null. Im anderen Fall ergibt sich der Absolutbetrag der
Determinante nach vollständiger Umformung aus dem Produkt der
Diagonalglieder. (Das Vorzeichen der Determinante ist gesondert
festzustellen.)

Übrigens braucht man für A', A'' u.s.w. keine neuen Matrizen
zu definieren, da man beim ersten Schritt die Zeilen 2 bis n der
Matrix A überschreiben kann; beim zweiten Schritt die Zeilen 3
bis n, u.s.w.

Schreiben Sie das Programm, und testen Sie es mit einer (4×4)-
Matrix aus, die Sie nach folgender Vorschrift in die Rechenanlage
einlesen (Der benutzte Einlesebefehl wird später erläutert):

```
      REAL*4 A(4,4)
      INTEGER I,K
         .
         .
         .
      I=1
1111  READ(5,101) (A(I,K),K=1,4)
 101  FORMAT(4E20.6)
      I=I+1
      IF(I.LE.4)GO TO 1111
         .
         .
         .
```

Die 4 Zahlen einer jeden Zeile der Matrix A müssen auf einer
Lochkarte nebeneinander gelocht werden. Für jede Zahl sind 20
Spalten vorgesehen.

(Es muß also in Spalte 1 bis 20 der Wert a_{i1}
    "   " 21 " 40 " " a_{i2}
    "   " 41 " 60 " " a_{i3}
    "   " 61 " 80 " " a_{i4} $i=1,2,3,4$

mit Dezimalpunkt gelocht werden.)

7 Die DO-Schleife

Im vorausgegangenen Paragraphen 6 haben wir sogenannte "Schleifen" kennengelernt. Sie bestanden darin, daß ein Laufindex von einem gewissen Anfangswert aus innerhalb der Schleife um ein Inkrement (="Zuwachs", "Schrittweite") erhöht wurde und am Ende der Schleife zum Schleifenanfang zurückgesprungen wurde, falls der Laufindex den gewünschten Endwert noch nicht erreicht hatte. Solche Schleifen kann man als DO-Schleifen formulieren.

Um die Parallelität zwischen der DO-Schleife und der bereits beschriebenen IF-Schleife deutlich zu machen, sollen nebeneinander von einem Vektor A die Komponenten n bis m addiert werden

```
REAL A(100),S
INTEGER N,K,M
          .
          .
          .
```

IF-Schleife	DO-Schleife
S=0.	S=0.
K=N	DO 15 K=N,M,1
15 S=S+A(K)	S=S+A(K)
K=K+1	15 CONTINUE
IF(K.LE.M)GO TO 15	

Nach Durchlaufen der einen oder anderen Schleife steht auf dem Speicherplatz S der Wert der Summe

$$\sum_{k=n}^{m} a_k$$

Nach diesem Beispiel wollen wir die allgemeine Form der DO-Schleife angeben und beschreiben. Anschließend soll noch einmal auf die inhaltliche Bedeutung der DO-Schleife eingegangen werden.

$$DO\ n_1\quad l=a,e,i$$

> Folge von Befehlen, die die
> DO-Schleife umfassen soll

$$n_1\ \text{CONTINUE}$$

Hierbei steht n_1 in der Anweisung

$$DO\ n_1\quad l=a,e,i$$

für die Statement-Nummer, die vor dem Schlüsselwort CONTINUE
(= "setze fort") abgelocht ist. Es ist klar, daß diese Zahl von
allen im Programm benutzten Statement-Nummern verschieden sein
muß.

Für 1 ist der Name der Laufvariablen einzusetzen; die Buchstaben a,e und i stehen für Anfangswert, Endwert und Inkrement.
Alle Größen l,a,e und i müssen einfache, d.h. nicht indizierte
Variable oder Konstanten vom Typ INTEGER oder INTEGER*2 sein.
Insbesondere dürfen für a,e und i keine arithmetischen Ausdrücke
stehen; ihre Werte müssen <u>positive</u> Zahlen sein (ohne Vorzeichen
geschrieben). Inhaltlich geschieht bei der DO-Schleife folgendes:

Zunächst wird die Laufvariable 1 auf den Anfangswert a gesetzt
und die Schleife ein erstes Mal bis unmittelbar vor das Statement

$$n_1\ \text{CONTINUE}$$

durchlaufen. Statt des Befehls

$$n_1\ \text{CONTINUE}$$

können wir uns- wie oben in dem angegebenen Beispiel - vorstellen:
Die Laufvariable 1 wird um das Inkrement i erhöht. Anschließend
wird abgefragt, ob 1 den Endwert e überschritten hat. Falls 1
größer als der Endwert e ist, wird das Programm mit dem auf

$$n_1\ \text{CONTINUE}$$

folgenden Befehl fortgesetzt. Falls der Endwert e noch nicht

überschritten ist, wird zu dem Befehl zurückgesprungen, der der
Zeile

$$DO\ n_1\quad l=a,e,i$$

unmittelbar folgt. - Da erst am Schluß der DO-Schleife die Laufvariable l um das Inkrement i erhöht wird und erst dann abgefragt
wird, ob l den Endwert e überschritten hat, wird die DO-Schleife
mindestens einmal durchlaufen, also auch dann, wenn bereits der
Anfangswert a größer als der Endwert e ist.

Man kann die Angabe des Inkrementes i fortlassen, wenn dieses
den Wert 1 hat. Es wäre also in dem obigen Beispiel auch möglich
gewesen zu schreiben

$$DO\ 15\ K=N,M$$

Selbstverständlich kann man mehrere DO-Schleifen ineinander-
schachteln. Hierzu als Beispiel den folgenden Programmausschnitt

```
      DO 10 I=1,N
      DO 20 J=1,L
      S=0.
      DO 30 K=1,M
      S=S+A(I,K)*B(K,J)
   30 CONTINUE
      C(I,J)=S
   20 CONTINUE
   10 CONTINUE
```

Was wird durch diesen Programmausschnitt berechnet?
Vergleichen Sie bitte dies Programmstück mit dem Beispiel 6.1.

Nachdem wir auf die Gemeinsamkeiten zwischen DO- und IF-Schleife
hingewiesen haben, sollen nun einige Unterschiede aufgezählt
werden.

1) In dem DO-Statement, d.h. in dem Befehl

$$DO \ n_1 \quad 1=a,e,i$$

dürfen nur einfache Variable oder Konstanten vom Typ INTEGER oder INTEGER*2 benutzt werden. Bei der IF-Schleife dürfen es zusätzlich auch REAL- oder REAL*8-Größen sein. Außerdem spielt es in der IF-Schleife keine Rolle, ob die Variablen einfache oder indizierte Variablen sind.

2) In dem DO-Statement dürfen die angegebenen Variablen (Laufvariable, Anfangswert, Endwert, Inkrement) nur positive Werte annehmen. - Bei der IF-Schleife besteht diese Einschränkung nicht.

3) Innerhalb der Statements, die oben in der allgemeinen Form der DO-Schleife mit

> Folge von Befehlen, die die
> DO-Schleife umfassen soll

beschrieben sind, darf der Laufvariablen kein Wert zugewiesen werden. - Bei der entsprechenden IF-Schleife besteht diese Einschränkung nicht.

4) Man darf zwar aus einer DO-Schleife (etwa mit einem GO TO - Befehl) herausspringen, in eine DO-Schleife _hinein_ darf man _nicht_ springen. Auch dies ist bei der IF-Schleife erlaubt.

Man kann also sagen, daß die IF-Schleifen allgemeiner sind und mehr ermöglichen als die DO-Schleifen. Dafür sind die DO-Schleifen einfacher zu benutzen. - Mit gutem Erfolg wendet man DO-Schleifen dort an, wo man mit Vektoren oder Matrizen rechnet. Für die Indizes von ein- oder mehrdimensionalen Feldern bieten sich die Laufvariablen an, wie wir oben an dem Beispiel der Multiplikation von Matrizen sehen konnten. Das soll aber nicht heißen, daß man DO-Schleifen _nur_ dort verwenden kann. - Zum Beispiel berechnet der folgende Programmausschnitt den Ausdruck

$$y=x^n,$$

wie man sich klarmacht, indem man die DO-Schleife Befehl für
Befehl nachvollzieht.

```
            .
            .
            .
        Y=1.
        DO 2 K=1,N
        Y=Y*X
      2 CONTINUE
            .
            .
            .
```

Da, wie oben gesagt, Anfangswert , Endwert und Inkrement
eines DO-Statements positive Werte haben müssen, kann man das
Programm der Übung 6.1 nur mit einem kleinen Kunstgriff auf die
DO-Schleife umschreiben. Der entsprechende Ausschnitt sei hier
angegeben.

```
        Y=0.
        N1=N+1
        DO 10 I=1,N1
        K=N1-I+1
        Y=Y*X+A(K)
     10 CONTINUE
```

Aufgabe 7.1

Bitte berechnen Sie das Polynom

$$y=x^3-0,7x^2-0,28x+0,16$$

beginnend mit $x=x_{Anf.} = -1,0$ in Abständen von $dx=0,1$ bis
$x_{End} = 1,0$, und lassen Sie x- und y-Werte für jeden berechneten Punkt herausdrucken.

<u>Anleitung:</u>

Benutzen Sie die zuletzt angegebene DO-Schleife zur Polynomberechnung, und greifen Sie auf die Anleitung zu Aufgabe 6.1
zurück.

Ändern Sie den ersten Einlesebefehl in der folgenden Form
ab:

$$\text{READ}(5,102)\text{N},\text{XANF},\text{XEND},\text{DX}$$
$$102\ \text{FORMAT}(\text{I}10,3\text{E}20.6)$$

Auf der ersten Datenkarte muß in Spalte 10 der Wert für N (=3)
stehen, in den Spalten 11 bis 30 der Wert für XANF $(x_{Anf} = -1,0)$
in den Spalten 31 bis 50 der Wert für XEND $(x_{End} = +1,0)$
in den Spalten 51 bis 70 der Wert für DX $(dx = 0,1)$.

Zum Einlesen der Koeffizienten $a_1, \ldots, a_4$ benutzen Sie bitte die
Anleitung zu Aufgabe 6.1.

Bitte prüfen Sie, ob die berechneten Polynomwerte y an den
Stellen   x = -0,5
                 x = 0,4
                 x = 0,8

den Wert Null haben.

8 Genauere Beschreibung der Ein- und Ausgabe

Bisher haben wir bei den behandelten Programmen für die Ein-
und Ausgabe von Variablenwerten sozusagen Standard-Formate benutzt. Es spielte bisher keine Rolle, wo und in welcher Form die
Variablenwerte ausgedruckt wurden. Auf Überschriften und ähnliche,
die Übersichtlichkeit der Ausgabedaten erhöhende Möglichkeiten
haben wir bisher bewußt verzichtet.

Wir wollen diese Möglichkeiten nun näher kennenlernen, und zwar
zunächst für die Ausgabe auf dem Drucker. Anschließend werden wir
sehen, welche Analogien zur Eingabe auf dem Kartenleser bestehen.

Für die Ausgabe auf dem Drucker kann man folgende allgemeine
Form angeben

$$\text{WRITE}(6,n_1) \text{ Liste der Variablennamen}$$
$$n_1 \text{ FORMAT(Angabe des Typs und der Druckposition}$$
$$\text{für die anzugebenden Variablen)}$$

Die Zahl 6 nach dem Schlüsselwort WRITE und der ersten
Klammer gibt an, daß auf dem Drucker geschrieben werden soll.
Durch andere Zahlen kann die Ausgabe auf anderen Geräten - wie
z.B. Magnetbandeinheit oder Kartenstanzer - gesteuert werden.
Hierauf wollen wir aber nicht näher eingehen.

Die nach dem Komma folgende Zahl n_1 koppelt in eindeutiger
Weise das WRITE-Statement mit einem FORMAT-Statement, das n_1 als
Statement-Nummer besitzt. Damit kann das FORMAT-Statement irgend-
wo im Programm stehen, braucht also nicht - wie wir es bisher
hatten - unmittelbar auf den WRITE-Befehl zu folgen. Außerdem
kann ein und dasselbe Format von verschiedenen WRITE-Befehlen
zur Ausgabe herangezogen werden.

Die Liste der Variablennamen umfaßt alle Namen von Speicherplätzen, deren Inhalte mit dem einen WRITE-Befehl ausgedruckt
werden sollen. Die Namen sind durch Kommata zu trennen. Gedach
ist in diesem Zusammenhang zunächst an einfache Variable und
einzelne Komponenten von Vektoren bzw. Elemente von Matrizen.

Wie ganze Vektoren und Matrizen ausgegeben werden, soll gegen
Ende dieses Paragraphen erläutert werden. Wegen des engen Zu-
sammenhangs mit dem FORMAT-Statement soll zunächst dieses beschrieben werden.

Bei der Ausgabe stehen auf dem Drucker 133 Druckpositionen pro
Zeile zur Verfügung. Die erste Position einer jeden Zeile dient
zur Steuerung des Zeilenvorschubes. (Dies wird später erklärt).
Es bleiben also in jeder Zeile 132 Positionen, über die in dem
FORMAT-Statement verfügt werden kann und auf denen Zahlen, Buch-
staben oder Sonderzeichen ausgegeben werden können.

Für die Ausgabe von Zahlen sind gewisse Formatcodes vorgesehen,
und zwar

    I   für Zahlen vom Typ INTEGER oder INTEGER*2,
    E oder F für Zahlen vom Typ REAL,
    D oder F für Zahlen vom Typ REAL*8.

Der Formatcode wird gekoppelt mit der "Feldweite" w, d.h. mit
der Anzahl der Druckpositionen, die für die auszugebende Zahl
insgesamt vorgesehen werden sollen. Bei der Ausgabe von REAL-
Zahlen ist außerdem anzugeben, wie groß die Anzahl d der Ziffern
ist, die hinter dem Dezimalpunkt erscheinen sollen. Schließlich
kann man eine Anzahl a von gleichen Formatcodes zusammenfassen.
Diese einzelnen Informationen werden den Formatcodes in folgender
Form zugeordnet.

    aIw
    aEw.d   bzw. aFw.d
    aDw.d   bzw. aFw.d

Wird die Anzahl a nicht angegeben, so wird a=1 angenommen.
    Beispielsweise ermöglicht das folgende Format

    100 FORMAT(1X,2I8)

die Ausgabe von 2 Zahlen des Typs INTEGER oder INTEGER*2,

von denen jede höchstens 8 Ziffern besitzen darf. Ist eine Zahl negativ, so darf sie zur richtigen Ausgabe nach dem obigen Format höchstens 7 Ziffern haben, da eine Druckposition für das negative Vorzeichen benötigt wird. [Die Bedeutung von 1X in der Format-Angabe wird später erläutert; sie hängt mit dem Zeilenvorschub zusammen.] Das folgende Format ist dem obigen völlig äquivalent

    100 FORMAT(1X,I8,1I8)

Bei den Formatcodes E und D für Zahlen vom Typ REAL bzw. REAL*8 werden - wie Sie bei Ihren bisherigen Programmen gesehen haben - die Zahlen in normierter Form gedruckt. Wegen der Normierung und des Vorzeichens der Zahl muß die Felweite w mindestens um 7 Druckpositionen größer sein als die Anzahl d der Ziffern, die hinter dem Dezimalpunkt gedruckt werden sollen:

$$(\underline{+})0.\underbrace{\ldots\ldots\ldots}_{d\text{ Ziffern}}E(\underline{+})00 \quad bzw. \quad (\underline{+})0.\underbrace{\ldots\ldots\ldots}_{d\text{ Ziffern}}D(\underline{+})00$$

So muß also beispielsweise zur Ausgabe der Zahl -23,61 mit E-Formatcode die Feldweite w mindestens 11 sein, d.h. der gesamte Code muß

    E11.4

lauten, wenn alle Ziffern herausgeschrieben werden sollen. Die Zahl hat bei der Ausgabe dann die Form

    -0.2361E 02 $(=-0,2361\cdot10^{2})$

Wird die Feldweite w größer als 11 gewählt (allgemein: größer als (d+7)), so werden links von der Zahl in dem angegebenen Feld entsprechend viele Leerstellen eingefügt.

Übung 8.1

Als Standardformat wurde bisher für die Ausgabe von Variablen
mit dem Typ REAL*4 das Format

        100 FORMAT(1X,6E20.6)

benutzt. Bitte führen Sie Gründe dafür an, warum der Formatcode
6E20.6 angegeben wurde.

Soll eine Zahl vom Typ REAL oder REAL*8 "kommagerecht", d.h.
mit festem Dezimalpunkt, ausgedruckt werden, so ist der F-Code
zu benutzen. Auch hier muß die Feldweite w so groß gewählt werden,
daß das Feld alle Ziffern, den Dezimalpunkt und eventuell noch
ein (negatives) Vorzeichen aufnehmen kann. Man beachte, daß
eventuell hinter dem Dezimalpunkt eingespeiste Nullen mitzuzählen
sind. So kann man z.B. zur Ausgabe von -23,61 vorsehen

        F6.2

Dieses würde im Druck -23.61 entsprechen. Möchte man aber 3
Ziffern hinter dem Dezimalpunkt ausgegeben haben, ist F7.3 anzugeben, wodurch die Zahl in der Form -23.610 gedruckt würde.
Falls in dem Beispiel die Feldweite w größer als 6 bzw. 7 gewählt
wird, werden in das Feld vor die Zahl Leerzeichen eingefügt.
Ist bei einem der Formatcodes I,E,D oder F die Feldweite w
so klein angegeben, daß die Zahl nicht mit der geforderten Genauigkeit gedruckt werden kann, so wird das gesamte Feld in der spezifizierten Feldweite w mit dem Multiplikationszeichen '*' ausge-
füllt. Im Falle F5.2 als Code zur Ausgabe der Zahl -23,61 wäre
in dem Feld gedruckt worden *****.

Sind in einer Format-Angabe mehrere Formatcodes angegeben und
besteht die Variablenliste des zugehörigen WRITE-Befehls aus
mehreren Variablennamen, so wird

der ersten Variablen   der erste Formatcode,

der zweiten Variablen   der zweite Formatcode

zugeordnet u.s.w.

Beispiel 8.1

```
        REAL X,Y
        INTEGER*2 K2R,N
        N=31
        K2R=208
        X=-0.043
        Y=7.1
        WRITE(6,103)N,X,Y,K2R
103 FORMAT(1X,I3,2E13.5,I2)
        .
        .
        .
```

In diesem Beispiel werden ausgedruckt:

    N   nach dem Code I3

    X   nach dem Code E13.5

    Y   nach dem Code E13.5

    K2R nach dem Code I2

Auf dem Papier erscheint dann folgende Druckzeile

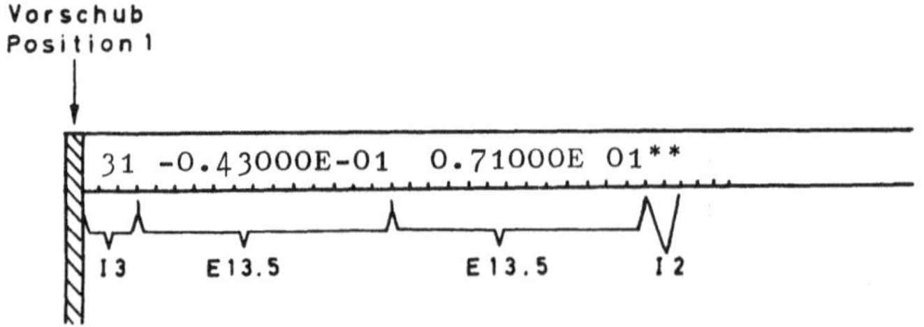

(In dem Feld I2, das K2R zugeordnet wurde, erscheinen die beiden
Sterne, weil K2R den Wert 208 besitzt, also mehr als 2 Ziffern
hat).

Nun kann es aus irgendeinem Grunde sein, daß man die einzelnen
Zahlen nicht so nahe nebeneinander gedruckt haben möchte, sondern
auf einen größeren Zwischenraum Wert legt. Bei der Ausgabe kann
man das recht einfach erreichen, indem man bei den einzelnen
Formatcodes die Feldweite w entsprechend vergrößert. Würde man
das obige Format mit der Nummer 103 abändern in

103 FORMAT(1X,I6,2E15.5,I5)

dann ergäbe sich bei dem obigen WRITE-Befehl folgende Druckzeile

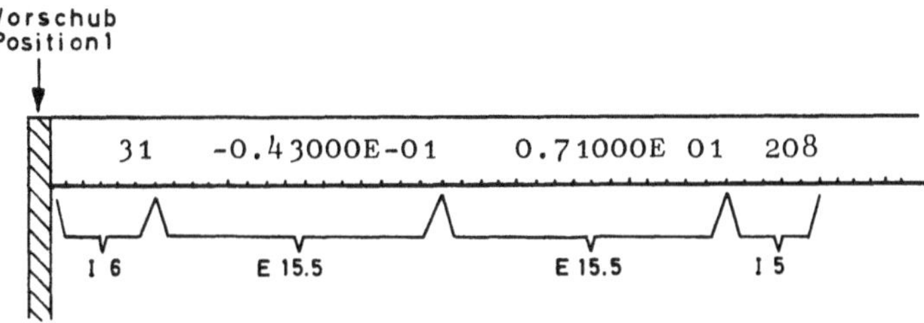

Eine andere Möglichkeit, zwei aufeinanderfolgende Felder durch
einen Zwischenraum zu trennen, ist die Benutzung eines weiteren
Formatcodes. Durch die Angabe

aX

werden a Druckpositionen zwischen den benachbarten Feldern frei-
gelassen. So wird beispielsweise beim Aufruf des folgenden Formates

103 FORMAT(1X,I3, 2X,E13.5,2X,E13.5,3X,I2)

durch das WRITE-Statement aus dem Beispiel 8.1 die folgende Zeile
ausgedruckt:

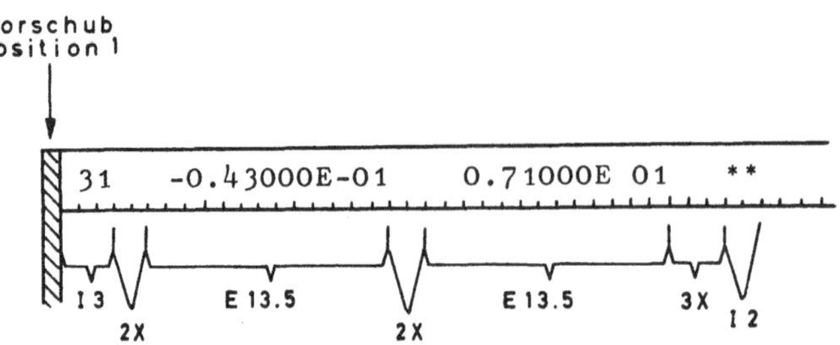

(Man beachte die unterschiedliche Ausgabe von K2R).

Man kann übrigens nicht nur gleiche Formatcodes zusammenfassen, sondern auch gleiche Folgen von Formatcodes. Man hat sie dann in Klammern zu setzen und die Anzahl der Wiederholungen davorzuschreiben. So liefert

        103 FORMAT(1X,I3,2(2X,E13.5),3X,I2)

dieselbe Ausgabezeile wie oben.

    Eine weitere Möglichkeit,aufeinanderfolgende Zahlenfelder zu trennen, bietet der Tabulator. Er besitzt den Code

            Tw

und bewirkt, daß alle Felder, die im Format nach Tw aufgeführt sind, von der Druckposition w an ausgegeben werden.
So liefert beispielsweise das Format

        103 FORMAT(1X,I3,T7,E13.5,T22,E13.5,T35,I5)

in Verbindung mit dem WRITE-Statement aus Beispiel 8.1 die Zeile

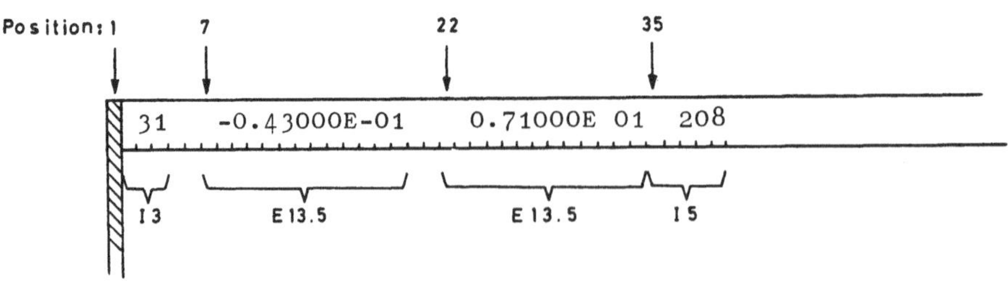

Ein nachfolgender Tabulatorcode darf durchaus einen geringeren Wert w besitzen als ein vorausgegangener, d.h. man kann den Tabulator zurücksetzen. Man muß nur dafür sorgen, daß durch das Zurücksetzen keine Zahlen übereinander gedruckt werden können.

So wird durch

```
      WRITE(6,103)N,X,Y,K2R
  103 FORMAT(1X,I3,T15,2E13.5,T5,I5)
```

mit den Werten für N,X,Y,K2R aus Beispiel 8.1 folgende Zeile ausgegeben.

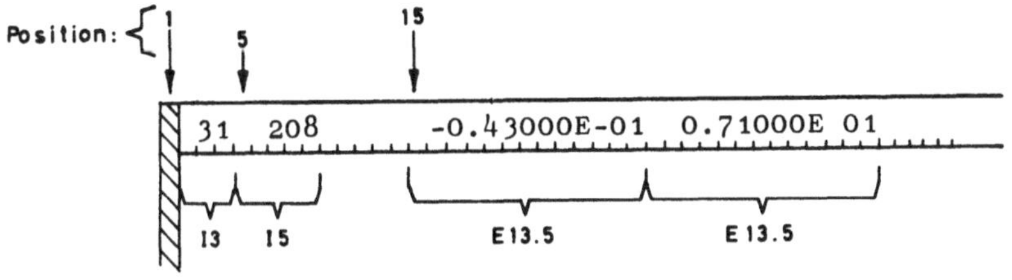

Die Reihenfolge, in der die Variablenwerte nebeneinander gedruckt werden, hängt also nicht nur davon ab, in welcher Reihenfolge die Variablen in der Variablenliste des WRITE-Statements aufgeführt sind, sondern auch davon, wie der Tabulator in dem zugehörigen Format gesetzt wurde.

Bei der Zuordnung der Ausgabe-Codes (I,E,D oder F) zu den Variablen der Variablenliste des WRITE-Statements wird rein sequentiell verfahren, wie es oben beschrieben wurde. An welche Stelle der Druckzeile die Variablenwerte ausgegeben werden, hängt darüberhinaus noch von der Stellung des Tabulators ab.

Außer den oben angegebenen Formatcodes I,E,F,D sind bei der Zuordnung von den Variablen der Variablenliste zu den Formatangaben noch die Codes L,A und Z zu beachten.

Der Formatcode

       aLw

wird benutzt, um den Wert von logischen Variablen auszugeben.
Hat die Variable den Wert

       .TRUE.

so wird nach w-1 Leerstellen der Buchstabe T ausgegeben, ist
ihr Wert

       .FALSE.

so wird F geschrieben.

Die beiden anderen Formatcodes Z und A werden in Paragraph 9
besprochen.

Wir wollen nun kennenlernen, wie man Überschriften und
Zwischentexte ausgeben kann. Dies geschieht, indem man den auszugebenden Text in dem zum WRITE-Statement gehörenden Format in
Apostrophs (auch "Hochkommas" genannt) einschließt. Beispielsweise wird durch

       WRITE(6,104)
     104 FORMAT(1X,'VERSUCHSERGEBNISSE')

die folgende Zeile ausgegeben

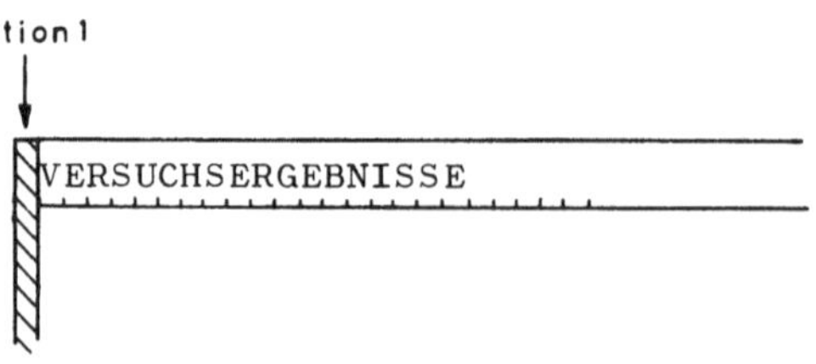

Man kann die Ausgabe von Text und Variablenwerten auch miteinander kombinieren. So ergibt sich bei den Werten aus Beispiel 8.1 durch

```
        WRITE(6,103)N,X,Y,K2R
    103 FORMAT(1X,' NR =',I3,' X =',E11.3,3X,
      *     'Y =',F4.2,' K2R =',I4)
```

folgende Druckzeile

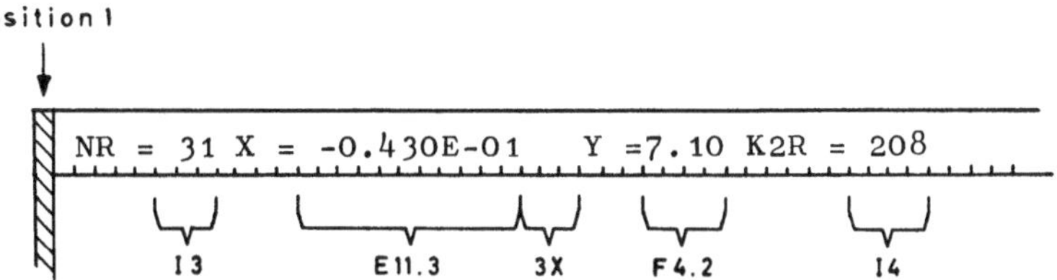

Damit haben wir die wichtigsten Anweisungen erläutert, die erforderlich sind, um eine Ausgabezeile möglichst übersichtlich zu gestalten. Nun ist zu erklären, mit welchen Mitteln man die einzelnen Zeilen möglichst übersichtlich auf eine Ausgabeseite bringen kann.

Wie wir oben schon andeuteten, dient die Position 1 einer jeden Zeile dazu, mit Hilfe von gewissen Steuerzeichen dem Drucker die Information zu geben, um wieviel das Papier vorzuschieben ist, bevor die übrige Zeile (Position 2 bis 133) ausgegeben wird. Das Zeichen zur Steuerung des Vorschubes ("Vorschubzeichen") wird nicht ausgedruckt.

In der Position 1 einer jeden Zeile bewirkt

das Leerzeichen	einen Vorschub um 1 Zeile	(es wird in die nächste Zeile gedruckt)
die Ziffer 0	einen Vorschub um 2 Zeilen	(eine Zeile bleibt leer)
das Minuszeichen -	einen Vorschub um 3 Zeilen	(zwei Zeilen bleiben leer)
das Additionszeichen +	keinen Vorschub	(es wird in dieselbe Zeile gedruckt)
die Ziffer 1	einen Vorschub zur nächsten Seite	(die erste Zeile der nächsten Seite wird bedruckt).

Dabei ist es gleichgültig, wodurch eines dieser Zeichen in die "Druckposition" 1 gelangt ist: Prinzipiell wird das Zeichen, das in Position 1 steht, als Vorschubzeichen interpretiert und nicht gedruckt.

Hat beispielsweise die INTEGER-Zahl N den Wert 131, so wird durch

```
        WRITE(6,104)N
    104 FORMAT(I3)
```

die Zahl 31 auf die nächste Seite geschrieben.

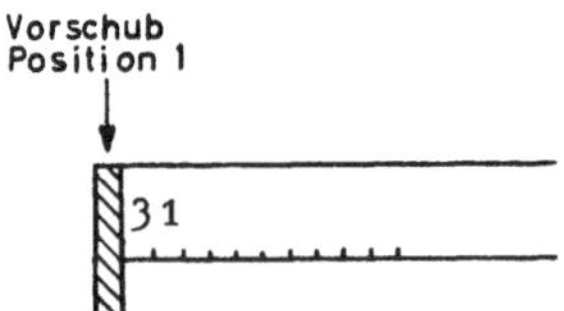

Bisher hatten wir durch den Code 1X zu Beginn eines jeden Ausgabe-Formates dafür gesorgt, daß in die Position 1 ein Leerzeichen gesetzt wurde. Dieses bewirkte einen Vorschub um eine Zeile. Zwei andere Möglichkeiten mit derselben Wirkung bieten die folgenden Formatangaben

$$n_1 \quad \text{FORMAT(T2,...)}$$
$$n_2 \quad \text{FORMAT(' ',...)}$$

Dabei sollen die drei Punkte die übrigen Format-Codes andeuten. Durch die zweite Möglichkeit wird angedeutet, wie man jedes andere Vorschubzeichen in die Position 1 bringen kann: Man schreibt das gewünschte Steuerzeichen als ersten Formatcode zwischen zwei Apostrophzeichen. So wird beispielsweise durch

```
        WRITE(6,100)
    100 FORMAT('1','UEBERSCHRIFT')
```

der Text UEBERSCHRIFT auf die erste Zeile der nächsten Seite geschrieben. Dasselbe bewirkt das Format

        100 FORMAT('1UEBERSCHRIFT')

Eine weitere Möglichkeit zur Steuerung der Ausgabe auf dem
Drucker ist durch den Schrägstrich / (Divisionszeichen) gegeben.
Er wird innerhalb eines Formates benutzt und zeigt an, daß eine
neue Zeile (mit einem neuen Vorschubzeichen!) mit dem auf den
Schrägstrich folgenden Inhalt zu beschreiben ist. So wird z.B.
durch

            WRITE(6,105)N,X,Y,K2R
        105 FORMAT('1 N =',I3/2E10.2/'0 K2R=',I3)

bei den Werten aus Beispiel 8.1 auf einer neuen Seite ausgegeben:


```
N = 31

-0.43E-01  0.71E 01


K2R=208
```


Durch n unmittelbar aufeinanderfolgende Schrägstriche werden (n-1)
Leerzeilen ausgegeben.

Aufgabe 8.1

Will man wissen, wie stark zwei Merkmale, die beide nur zwei
Möglichkeiten vorsehen, miteinander in Beziehung stehen, so
kann man aus der sogenannten Vierfelderkorrelation gewisse Rück-
schlüsse ziehen.(Als Beispiel die Frage: Wer treibt lieber Sport,
Jungen oder Mädchen?) Man kann dabei die folgende Tabelle auf-
stellen:

	+	-
+	a	b
-	c	d

(Im Beispiel: a= Anzahl der Jungen, die gern Sport treiben
                b= Anzahl der Jungen, die nicht gern Sport treiben
                c= Anzahl der Mädchen, die gern Sport treiben
                d= Anzahl der Mädchen, die nicht gern Sport treiben).

Die angegebene Tabelle kann man mit der Summe der jeweiligen Zeile bzw. Spalte "rändern". Dann erhält man

	+	-	
+	a	b	a+b
-	c	d	c+d
	a+c	b+d	a+b+c+d

Es seien folgende Zahlen gegeben

$$a = 28 \qquad b = 61$$
$$c = 19 \qquad d = 72$$

Lassen Sie für diese Werte die geränderte Tabelle mit den beiden senkrechten und waagerechten Strichen herausdrucken.

Hinweis:

Einen waagerechten Strich simuliert man durch eine Folge von Minuszeichen.- Statt nun im Format

```
'--------'
```

anzugeben, kann man kürzer schreiben 8('-').
Einen senkrechten Strich setzt man aus untereinanderstehenden Buchstaben 'I' zusammen.

Es soll nun die Eingabe von Daten über den Kartenleser besprochen werden. - Im Prinzip verläuft sie analog zur Ausgabe auf dem Drucker, d.h. es ist der READ-Befehl über eine Statement-Nummer mit einem Format gekoppelt. Dieses Format beschreibt die einzulesende Karte bezüglich der einzelnen Felder. So lautet der

READ-Befehl in der allgemeinen Form:

$$READ(5,n_1) \text{ Liste der Variablennamen}$$

Falls die sogenannte Endbedingung benutzt werden soll (vgl. Paragraph 4),hat das READ-Statement die allgemeine Form

$$READ(5,n_1,END=n_2) \text{ Liste der Variablennamen}$$

Der zugehörige Formatbefehl lautet in beiden Fällen:

$$n_1 \text{ FORMAT(Angabe, aus welchen Spalten die Information für die Variablen gelesen werden soll)}$$

Die Zahl 5 nach dem Schlüsselwort READ gibt an, daß die Information von dem Kartenleser zu lesen ist. Durch die Angabe anderer Zahlen kann man die Information von einem Magnetband oder von einem Lochstreifen lesen lassen. Hierauf soll hier nicht näher eingegangen werden.

Die Liste der Variablennamen in dem READ-Befehl läßt sich genauso beschreiben wie die Variablen-Liste des WRITE-Befehls. Wir gehen deshalb nicht weiter darauf ein.

Da eine Lochkarte nur 80 Spalten besitzt, darf in einem Format-Statement auch nur über maximal 80 Spalten verfügt werden. Diese 80 Spalten können alle - im Gegensatz zu den Fortran-Programmkarten - für Daten genutzt werden. Es können aber auch bestimmte Spalten für eine Numerierung der Datenkarten vorgesehen werden (Dies ist nicht - wie bei den Fortran-Programmkarten - an die Spalten 73 bis 80 gebunden). Die einzelnen Felder auf der Datenkarte werden - wie bei der Ausgabe - durch die Formatcodes

aIw		für INTEGER-Zahlen
aEw.d	aFw.d	für REAL*4-Zahlen
aDw.d	aFw.d	für REAL*8-Zahlen

definiert. Spalten, die überlesen werden sollen, werden durch die

Formatangabe

    aX

übersprungen. Ferner kann man den Tabulator mit dem Code

    Tw

in demselben Sinne benutzen, wie er oben für die Ausgabe angegeben wurde.

Nun zu einigen Punkten, die bei der Eingabe beachtet werden
sollten und die bei der Eingabe anders sind als bei der Ausgabe.
Wie schon früher gesagt, muß in einem INTEGER-Feld (Code Iw) die
abgelochte Zahl ganz rechts in dem angegebenen Feld stehen
("rechtsbündig"); es werden sonst bis zur letzten Spalte des
Feldes Nullen ergänzt. Dies erhöht die ursprüngliche Zahl natürlich um einige Zehnerpotenzen. Das gleiche gilt dann, wenn in
einem mit dem E- oder D-Code spezifizierten Feld die Zahl mit
einem Exponenten angegeben wird. Locht man zum Beispiel in einem
Feld mit dem Format-Code E10.2 die Zahl $0,78 \cdot 10^2$ in der Form

    0.78E2

ab, so wird der Wert $0,78 \cdot 10^{20}$ übermittelt, da in der letzten
Spalte des Feldes beim Einlesen eine Null ergänzt wird. Locht
man dagegen nur die Ziffernfolge mit Dezimalpunkt aber ohne
Exponenten ab, so braucht die Zahl nicht rechtsbündig abgelocht
zu werden: angefügte Nullen verändern den Wert der Zahl nicht.
Wir sind auf diese Tatsachen schon früher eingegangen.

In diesem Zusammenhang ist noch eine Besonderheit zu erwähnen.
Man kann sie benutzen, um das Eingabefeld für eine REAL-Zahl
möglichst klein zu halten aber andererseits möglichst viele
Ziffern übermitteln zu können. In diesem Fall kann man auf das
Ablochen des Dezimalpunktes verzichten in einem Feld, das durch

einen D-, E- oder F-Formatcode beschrieben ist. Es gilt dann
folgende Verabredung:

Es wird angenommen, daß die Zahl rechtsbündig in dem Feld
von w Spalten steht. Der Dezimalpunkt wird - von rechts nach
links gezählt - zwischen der d-ten und der (d+1)-ten Spalte
eingefügt.

Beispielsweise wird bei dem Format-Code F5.2 von dem Feld der
Lochkarte

$$\boxed{12345}$$

der Wert   123,45   übermittelt.

Bei der Eingabe fallen selbstverständlich alle Vorschubsteuerun-
gen fort, wie sie bei der Ausgabe erforderlich sind. Werden sie
dennoch angegeben, so werden sie anders interpretiert. Wurde als
Vorschubzeichen das Leerzeichen durch

$$n_1 \text{ FORMAT}(1X,\dots)$$

codiert, so wird bei der Eingabe hierdurch die erste Spalte der
Datenkarte überlesen. Wurde dagegen dasselbe Vorschubzeichen
durch Hochkommas angegeben, also

$$n_1 \text{ FORMAT}(' ',\dots)$$

spezifiziert, so wird der Inhalt der ersten Spalte der Datenkarte
bei dem entsprechenden READ-Befehl in das Feld des Steuerzeichens
übertragen. Damit ist das Leerzeichen als Vorschubzeichen über-
schrieben.
Steht zum Beispiel auf der vorliegenden Datenkarte in der ersten
Spalte die Ziffer 1 und in der zweiten und dritten Spalte die
Zahl 45,

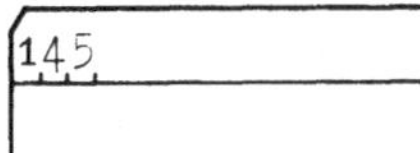

so wird durch den Lesebefehl

```
        READ(5,100)N
    100 FORMAT(1X,I2)
```

der Wert 45 für N eingelesen. Die erste Spalte ist wegen der
Angabe 1X überlesen worden. Bei dem anschließenden Befehl

```
        WRITE(6,100)N
```

erscheint folgende Ausgabe in der nächsten Zeile:

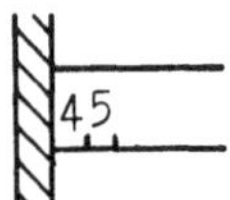

Wird dagegen das Format

```
    101 FORMAT(' ',I2)
```

in Verbindung mit dem Lesebefehl

```
        READ(5,101)N
```

benutzt, so wird die Ziffer 1 aus der ersten Spalte der Datenkarte in das durch ' ' angegebene Feld des Formates übertragen.
Die Variable N erhält den Wert 45 zugewiesen. Durch den Befehl

```
        WRITE(6,101)N
```

wird nun auf die erste Zeile der nächsten Seite der Wert 45
geschrieben, da in dem Feld für die Vorschubsteuerung nach dem
Lesebefehl die Ziffer 1 steht.

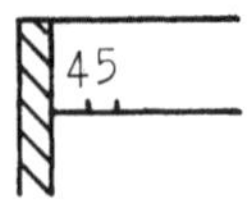

Man wird sich vorstellen können, daß zum Einlesen zweier
aufeinanderfolgender Karten durch <u>zwei</u> READ-Befehle mehr Rechen-
zeit benötigt wird als zum Einlesen der beiden Karten durch
<u>einen</u> READ-Befehl. Das Einlesen zweier oder mehrerer Datenkarten
muß gesteuert werden über die zugehörige FORMAT-Angabe. Wie wir
gesehen haben, scheidet das Vorschubzeichen als Steuerungsmög-
lichkeit aus.

Stattdessen kann man im Format einen Schrägstrich verwenden.
Die Angaben, die im FORMAT-Statement vor dem Schrägstrich stehen,
beschreiben dann die erste Datenkarte. Die zweite Karte wird
beschrieben durch die Angaben, die auf den Schrägstrich folgen,
sofern kein zweiter Schrägstrich die Beschreibung der dritten
Karte einleitet, u.s.w.

Hierzu ein Beispiel:

```
READ(5,101)N,X,I2,A1,F4,Z5
101 FORMAT(I3,F5.1,I4/E10.7,F8.3/E10.1)
```

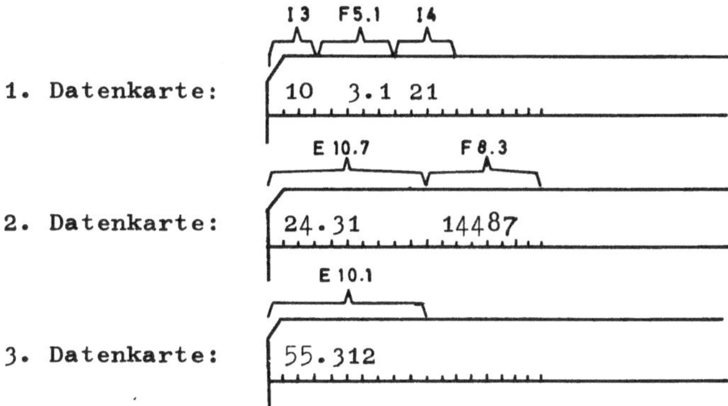

Nach dem READ-Befehl besitzen die Variablen folgende
Werte

von der 1. Datenkarte: N=10   X=3,1   I2=210
von der 2. Datenkarte: A1=24,31   F4=1448,700
von der 3. Datenkarte: Z5= 55,312

Es kann nun sein, daß die erste Datenkarte dieselbe Struktur
besitzt wie die zweite und diese wie die dritte u.s.w. In
diesem Fall genügt es, die erste Karte in dem Format-Statement
zu beschreiben. Dadurch, daß die Formatangabe abgearbeitet ist,
die Variablenliste jedoch nicht, wird automatisch zur nächsten
Karte gesprungen und diese nach demselben Format gelesen u.s.w.,
solange bis die Variablenliste vollständig abgearbeitet ist.

Beispiel:

```
     READ(5,100)N,X,I,Z,K
100  FORMAT(I3,F7.1)
```

1. Datenkarte:

2. Datenkarte:

3. Datenkarte:

Hieraus resultieren die Wertzuweisungen

von der 1. Datenkarte: $N=103$ $X=77,80$
von der 2. Datenkarte: $I=40$ $Z=122,4$
von der 3. Datenkarte: $K=19$

(Der Wert 40,2 der 3. Datenkarte wird nicht gelesen, da ein
weiterer Variablenname in der Liste des READ-Statements fehlt).

Diese Art der Formatangabe bietet sich besonders zur Eingabe
von Vektoren und Matrizen an. Ist beispielsweise deklariert
worden

```
REAL A(20)
```

so werden durch

```
READ(5,110)A(1),A(2),A(3),A(4),A(5),A(6),A(7)
110 FORMAT(3F4.0)
```

von den ersten beiden Datenkarten die Werte der ersten 3 Felder
von je 4 Spalten für die Komponenten $A(1),\ldots,A(6)$ gelesen.
Von der dritten Karte wird nur das erste Feld berücksichtigt
und dessen Wert der Komponente $A(7)$ zugewiesen.
    Nun ist es sehr unbequem, die Variablenliste in   der ange-
gebenen Form abzulochen. Außerdem möchte man nicht in jedem Fall
genau die ersten 7 Komponenten des Vektors A einlesen. Aus diesen
Gründen ist eine Art "implizite DO-Schleife" zur Eingabe der
Komponenten eines Vektors vorgesehen. Sie hat die allgemeine Form

```
READ(5,n₁) (name(1),1=a,e,i)
```

Wegen der Buchstaben l,a,e und i vergleiche man die Beschreibung
der DO-Schleife in Paragraph 7.
In dem obigen Beispiel hätte man also schreiben können

```
READ(5,110)(A(K),K=1,7,1)
```

oder, da die Angabe für das Inkrement i fehlen darf, wenn
dieses den Wert 1 hat

```
READ(5,110)(A(K),K=1,7)
```

Man kann mehrere Vektoren gleichzeitig mit einer "impliziten
DO-Schleife" einlesen, wie das folgende Beispiel zeigen soll.
Man muß nur dafür sorgen, daß das zugehörige Format und die
Organisation der Daten zusammenpassen.

Beispiel:

```
        INTEGER KANF,L(100),J,KEND
        REAL X(100)
        KANF=20
        KEND=24
        READ(5,105)(L(J),X(J),J=KANF,KEND)
    105 FORMAT(2(I3,F7.1))
```

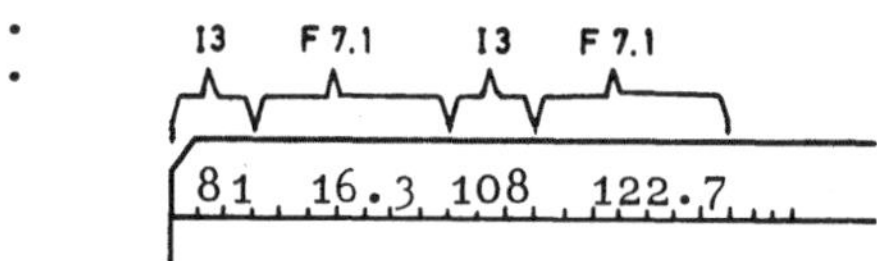

1. Datenkarte:

2. Datenkarte:

3. Datenkarte:

Die durch den READ-Befehl erfolgten Wertzuweisungen sind:

von der 1. Karte: L(20)=81 X(20)=16,30 L(21)=108 X(21)=122,7
von der 2. Karte: L(22)=90 X(22)=33,40 L(23)=217 X(23)=107,5
von der 3. Karte: L(24)=120 X(24)=0,380

Die Werte 190 und 8,4 der letzten Datenkarte werden nicht berücksichtigt.

Bei Matrizen kann man im Prinzip genauso vorgehen. Die allgemeine Form des Einlesebefehls lautet mit den beiden erforderlichen "impliziten DO-Schleifen"

$$\text{READ}(5,n_1) \ ((\text{name}(1_1,1_2),1_2=a_2,e_2,i_2),1_1=a_1,e_1,i_1)$$
$$n_1 \ \text{FORMAT}(\ldots)$$

Die Elemente der Matrix müssen dann so abgelocht sein, daß unmittelbar auf das letzte Element einer jeden Zeile der Matrix das erste Element der nächsten Zeile folgt. Dies macht die Datenorganisation oft sehr unübersichtlich. Zur Eingabe von Matrizen sollte man deshalb lieber eine explizite und eine implizite DO-Schleife zusammen benutzen, obwohl hierdurch der eine READ-Befehl für die gesamte Matrix ersetzt wird durch mehrere READ-Befehle, die jeweils nur eine Zeile einlesen. Die Matrix wird dann eingelesen durch

$$\text{DO } n_2 \ 1_1=a_1,e_1,i_1$$
$$\text{READ}(5,n_1)(\text{name}(1_1,1_2),1_2=a_2,e_2,i_2)$$
$$n_2 \ \text{CONTINUE}$$
$$\cdot$$
$$\cdot$$
$$\cdot$$
$$n_1 \ \text{FORMAT}(\ldots)$$

Wir haben die implizite DO-Schleife bisher nur für den Einlesebefehl angegeben. Für die Ausgabe lautet sie entsprechend für Vektoren

$$\text{WRITE}(6,n_1)(\text{name}(1),1=a,e,i)$$

und für Matrizen

$$\text{WRITE}(6,n_1)((\text{name}(1_1,1_2),1_2=a_2,e_2,i_2),1_1=a_1,e_1,i_1)$$

Zu Beginn dieses Paragraphen hatten wir gesagt, daß bei dem WRITE-Befehl die Liste der Variablennamen aus den Namen der

Speicherplätze besteht, deren Inhalte ausgedruckt werden sollen
(Dies gilt analog beim READ-Befehl für die Eingabe). Das ist
nun zu erweitern:

Statt eines jeden Variablennamens kann ein Ausdruck der
Form

$$(name(l),l=a,e,i)$$

oder
$$((name(l_1,l_2),l_2=a_2,e_2,i_2),l_1=a_1,e_1,i_1)$$

einschließlich der Klammerpaare stehen.

Es ist also folgender WRITE-Befehl erlaubt

$$WRITE(6,100)K,(X(I),I=1,3),N,M,(X(K1),K1=4,8)$$

Selbstverständlich müssen die Formatangaben und die Datenorganisation hierauf abgestimmt sein.

Aufgabe 8.2

Die Aufgabe 8.1 soll etwas abgeändert werden. Es sind dort
die Zahlen a,b,c,d vorgegeben worden. Wir wollen nun von
folgender Situation ausgehen.

Es ist eine Befragung Jugendlicher durchgeführt worden. Die
Angaben zu einer jeden Person sind jeweils auf einer Daten-
karte verschlüsselt worden.
In Spalte 7
    bedeutet die Zahl 1: männlich
        die Zahl 2: weiblich

in Spalte 20
    bedeutet die Zahl O: Person treibt nicht gern Sport
        die Zahl 1: Person treibt gern Sport

(In den übrigen Spalten sind andere Informationen verschlüsselt).

Bitte zählen Sie die Größen a,b,c,d aus, lassen Sie die
Tabelle von Aufgabe 8.1 ausdrucken und berechnen Sie

die Größe

$$\Phi = \frac{a \cdot d - b \cdot c}{\sqrt{(a+b) \cdot (c+d) \cdot (a+c) \cdot (b+d)}}$$

die ein Maß dafür ist, wie stark die beiden Merkmale miteinander in Beziehung stehen.

Aufgabe 8.3 [*]

In Beispiel 6.1 wurde die Matrixmultiplikation etwas näher beschrieben. Bitte schreiben Sie ein Programm unter Zuhilfenahme von DO-Schleifen, das es gestattet, Matrizen bis zur Größe von 30x30 zu multiplizieren. Einzulesen sind die Anzahl der Spalten und Zeilen, anschließend die Elemente der Ausgangsmatrizen. Das Ergebnis ist auszudrucken.
Testen Sie das Programm an kleinen Matrizen aus.

Aufgabe 8.4

Eine gewisse Schwierigkeit bereitet es jedem am Anfang, ein Problem so zu formulieren, daß es mit Hilfe der Rechenanlage gelöst werden kann. - Stellen Sie sich bitte selbst eine einfache Aufgabe, die Sie anschließend zu programmieren versuchen.

9 Interne Darstellung von Zeichen

Bei unseren bisherigen Programmen haben wir die verschiedensten
Zeichen wie Buchstaben, Ziffern und Sonderzeichen benutzt, ohne uns
Gedanken darüber zu machen, wie diese Zeichen in der Rechenanlage
dargestellt werden. Wir wollen das jetzt nachholen, obwohl es
üblicherweise nicht zu einer problemorientierten Programmiersprache
gehört und natürlich von der benutzten Rechenanlage abhängig ist.
Wir meinen aber, daß es zur Lösung mancher Probleme zweckmäßig ist,
etwas über die interne Zeichendarstellung zu wissen.

Wir hatten in Paragraph **1** gesehen, daß die kleinste adressierbare Einheit im Kernspeicher ein Byte ist, das aus 8 Bits besteht.
In einem Feld, das 8 Bits umfaßt, kann man die Dualzahlen von 0 bis
$2^8-1=255$ darstellen. Ordnet man nun jedem Zeichen, das man verschlüsseln möchte, eine Dualzahl von 0 bis 255 zu, so kann man in
einem Byte bis zu 256 verschiedene Zeichen verschlüsseln. Die Zuordnung zwischen den Zeichen und den Dualzahlen ist natürlich willkürlich, muß aber anschließend beibehalten werden.

Bitposition 0 - 3	Bitposition 4 - 7															
	0	1	2	3	4	5	6	7	8	9	A	B	C	D	E	F
0																
1																
2																
3																
4	blank										¢	.	<	(	+	|
5	&										!	$	*	)	;	¬
6	-	/										,	%	_	>	?
7											:	#	@	'	=	"
8		a	b	c	d	e	f	g	h	i						
9		j	k	l	m	n	o	p	q	r						
A			s	t	u	v	w	x	y	z						
B																
C		A	B	C	D	E	F	G	H	I						
D		J	K	L	M	N	O	P	Q	R						
E			S	T	U	V	W	X	Y	Z						
F	0	1	2	3	4	5	6	7	8	9						

In der umseitigen Tabelle sind die Kleinbuchstaben und alle
Zeichen aufgeführt, die auf der Tastatur des Lochers vorhanden
sind. Bei der Tabelle wurden in der Senkrechten die erste Hexadezimalziffer des Bytes (Bitposition 0 bis 3) und in der Waagerechten die zweite Hexadezimalziffer (Bitposition 4 bis 7) angegeben. Wie man leicht nachprüfen kann, hat zum Beispiel der Buchstabe G die Hexadezimalverschlüsselung

$$\boxed{\text{C} \quad 7} \qquad \text{oder in Dualform} \qquad \boxed{1100 \quad 0111}$$

Man beachte, daß die Verschlüsselung der Ziffern (als Zeichen)
eine andere ist als die duale Verschlüsselung ihres Zahlenwertes.

So besitzt die Ziffer 6 die Verschlüsselung $\boxed{\text{F} \quad 6}$ = $\boxed{1111 \quad 0110}$

aber die Dualverschlüsselung der Zahl 6 ist $\boxed{0 \quad 6}$ = $\boxed{0000 \quad 0110}$

Wie kann man nun die verschiedenen Zeichen, d.h. Buchstaben,
Ziffern und Sonderzeichen als Daten in die Rechenanlage eingeben,
so daß man vom Fortran-Programm her über die entsprechenden Größen
verfügen kann? - Zunächst ist Platz im Kernspeicher zu reservieren.
Dies kann durch die Deklaration mit einem der Schlüsselwörter

```
REAL*8        REAL
INTEGER       INTEGER*2
```

geschehen. Hierdurch werden 8, 4 oder 2 Bytes zur Verfügung gestellt,
wie wir in Paragraph 1 gesehen haben. Ist man durch die Größe des
Kernspeichers gezwungen, das Feld für die Verschlüsselung der
Zeichen so klein wie möglich zu halten, so kann man die Reservierung
durch

```
LOGICAL*1
```

für die Variablen und Felder auf 1 Byte pro Variable bzw. Komponente
beschränken. Wie wir in Paragraph 5 gesehen haben, sind Variable
vom Typ LOGICAL eigentlich Größen, die nur die beiden Werte .TRUE.
oder .FALSE. annehmen können. Es zeigt sich aber, daß man auch in

den durch LOGICAL oder LOGICAL*1 reservierten Speicherplätze jede
Bitkombination speichern kann.

Wir wollen nun einen Vektor definieren, in dessen Komponenten
anschließend die 26 Großbuchstaben gespeichert werden sollen.

LOGICAL*1 BUCHST(26)

Um die Buchstaben von einer Datenkarte einlesen zu können, müssen
wir einen neuen Formatcode kennenlernen; denn bei den Formatcodes
D,E,F,I oder L, die wir bisher zur Datenübermittlung verwendet haben,
würde es beim Einlesen sofort zu dem Fehler "ungültiges Zeichen"
kommen. Der Formatcode , der es gestattet, Zeichen, d.h. Buchstaben,
Ziffern und Sonderzeichen einzulesen oder auszudrucken, ist

aAw

Dabei bedeutet w wieder die Größe des einzulesenden Feldes, und a
bedeutet die Anzahl der nach gleichem Code einzulesenden Felder.

Beim Einlesen von Zeichen achte man darauf, daß die Feldweite w,
die angibt, wieviele Zeichen bzw. Spalten der Lochkarte in eine
Variable eingelesen werden sollen, nicht zu groß gewählt wird. Da
ein Byte zur Verschlüsselung eines Zeichens benötigt wird, darf die
Feldweite w des Formatcodes nicht größer als die Anzahl der Bytes
des Speicherplatzes sein, in den die Zeichen übertragen werden
sollen. Ist w irrtümlich größer angegeben, werden die am weitesten
rechts stehenden Zeichen des Feldes von w Spalten der Lochkarte
ignoriert.

Nach dem Statement

LOGICAL*1 BUCHST(26)

werden durch

READ(5,102) (BUCHST(K),K=1,26)
102 FORMAT(26A1)

die Buchstaben A,B,...,Z eingelesen, wenn in den ersten 26 Spalten
der vorliegenden Datenkarte das Alphabet abgelocht ist.

Bitte geben Sie an, welcher Buchstabe auf BUCHST(12)
verschlüsselt ist. Welche Hexadezimalzahl steht auf
diesem Speicherplatz?

Hätten wir bei der Reservierung des Speicherplatzes statt des
Statements

LOGICAL*1 BUCHST(26)

geschrieben

INTEGER BUCHST(26)

oder   REAL BUCHST(26)

so wären uns für jede Komponente des Vektors BUCHST vier Bytes
zur Verfügung gestellt worden. Durch den READ-Befehl

READ(5,102)(BUCHST(K),K=1,26)
102 FORMAT(26A1)

wird in jede Komponente des Vektors ein Buchstabe übertragen.
In das erste Byte eines jeden Speicherplatzes wird in diesem Fall
der zu verschlüsselnde Buchstabe (allgemeiner: das zu verschlüsselnde
Zeichen) gebracht. Die übrigen 3 Bytes werden durch die Verschlüs -
selung des Leerzeiches (="blank") ergänzt, so' daß man z.B. für den
Buchstaben G die folgende Verschlüsselung erhält

	1. Byte	2. Byte	3. Byte	4. Byte
Verschlüsselung des Buchstaben G:	C 7	4 0	4 0	4 0

Bevor wir die folgende Aufgabe 9.1 lösen können, müssen wir
noch angeben, wie man sich den Inhalt eines Speicherplatzes in
hexadezimaler Form ausgeben lassen kann. Dies geschieht durch
den Code

aZw

wobei die Feldweite w mindestens doppelt so groß sein muß wie
die Anzahl der Bytes des Speicherplatzes.

<u>Aufgabe 9.1</u>

Bitte lassen Sie sich für alle Zeichen des Lochers die maschineninterne Verschlüsselung ausdrucken. Welchem Zahlenwert (nur bei
INTEGER*2, INTEGER oder REAL*4-Variablen) entspricht die Verschlüsselung? Lassen Sie sich bitte auch diesen Wert von der
Rechenanlage ausgeben.

<u>Übung 9.1</u>

In Paragraph 1 wurde die maschineninterne Darstellung der REAL-
Zahl 0,001273 angegeben mit

3	E	5	3	6	D	6	5

Bitte kontrollieren Sie diese Angabe mit Hilfe der Rechenanlage.

<u>Aufgabe 9.2</u>

a) Bitte berechnen Sie für $n=0,1,2,\ldots,18$
   die Potenzen $x=2^n$ und $y=3^n$

   Deklarieren Sie bitte die Variablen x und y durch den Befehl

       INTEGER*2 X,Y

   Bitte lassen Sie sich für jedes angegebene n die Werte von
   x und y
               als Dezimalzahl   (I-Formatcode)
   und   als Hexadezimalzahl   (Z-Formatcode)
   ausgeben.

b) Bitte lösen Sie die gleiche Aufgabe wie a) für

   $z=n!$ mit $n=0,1,\ldots,20$

   Dabei hat n! (gesprochen n-Fakultät), falls n=0 oder 1 ist,
   den Wert 1 und falls n größer als 1 ist, den Wert
   $1\cdot2\cdot3\cdot4\ldots(n-1)\cdot n$.

   Deklarieren Sie bitte Z als INTEGER*4-Größe.

Wie sind die Ergebnisse der Aufgaben a) und b) zu interpretieren?

10   Initialisieren von Variablenwerten

Wie schon in Beispiel 4.1 erläutert wurde, müssen alle Variablen
einen Wert zugewiesen bekommen haben, bevor sie auf der rechten
Seite eines Gleichheitszeichens stehen dürfen. Besonders dann, wenn
man viele verschiedene Variable, Vektoren oder Matrizen auf einen
Anfangswert setzen muß, wünscht man sich eine einfachere Möglichkeit
zur Vermittlung eines Anfangswertes.

Diese Möglichkeit ist durch eine Erweiterung der expliziten
Deklarationen gegeben. Durch die expliziten Deklarationen

```
LOGICAL*1      LOGICAL
INTEGER*2      INTEGER
REAL      oder REAL*8
```

und durch die Angabe der Variablennamen wurden bisher der Rechenanlage zwei Informationen vermittelt:

1) Reservierung eines Speicherplatzes für die genannte Variable
2) Festlegung des Typs der Variablen.

Falls Vektoren oder Matrizen deklariert wurden, war außerdem

3) die Länge   (=Größe des Feldes)

festzulegen. Zusätzlich wird nun noch die Festlegung eines Anfangswertes (="Initialisieren") vorgesehen. Wie wird diese Initialisierung
eines Variablenwertes formal durchgeführt?

Bei einer einfachen Variablen wird unmittelbar nach dem Namen
der Anfangswert zwischen zwei Schrägstrichen(Divisionszeichen) abgelocht. Soll zum Beispiel der Variablen A vom Typ REAL der Anfangswert 18 zugewiesen werden, so ist zu schreiben

```
         REAL A/18./
oder     REAL A/1.8E1/
```

Selbstverständlich kann man in einem Deklarations-Befehl mehreren
Variablen verschiedene Anfangswerte zuweisen. Zum Beispiel wird in

INTEGER*2 N,M/0/,A1/114/,A3(100)

den Variablen   M   der Anfangswert 0
          und   A1   der Anfangswert 114
zugewiesen. Für N wird ein Speicherplatz von 2 Bytes vorgesehen.
Für den Vektor A3 werden insgesamt 100 Speicherplätze von je
2 Bytes reserviert. Die Variable N und der Vektor A3 erhalten keine
Anfangswerte zugewiesen. Alle Variablen N,M,A1 und der Vektor A3
haben den Typ INTEGER*2.

Will man alle Komponenten eines Vektors oder alle Elemente einer
Matrix auf denselben Anfangswert setzen, so gibt man zwischen den
Schrägstrichen an

    die Gesamtzahl der Komponenten,
    das Multiplikationszeichen *
    und den gewünschten Anfangswert.

Im Beispiel:

    REAL*8 XK(100)/100*2.D0/,Y(20,30)/600*0.D0/

Hierdurch werden alle 100 Komponenten des Vektors XK auf den Wert 2
gesetzt. (Wegen REAL*8 ist D statt E anzugeben), und alle 600
Elemente der Matrix Y erhalten den Wert Null.

Man kann einzelnen Komponenten eines Vektors oder einer Matrix
unterschiedliche Werte zuweisen, wenn man beachtet, daß _jedes_
Element des Feldes _genau_ _einen_ Anfangswert erhält. So wird zum Beispiel durch

    INTEGER NW(125)/80*0,2,3,43*10/

den Komponenten NW(1),...,NW(80)   der Wert 0
                NW(81)   der Wert 2
                NW(82)   der Wert 3
und den folgenden 43 Komponenten
                NW(83),...,NW(125)   der Wert 10
als Anfangswert zugewiesen.

Da die gleiche Möglichkeit, unterschiedliche Anfangswerte zu setzen,bei Matrizen gegeben ist, muß man die interne Speicherung von Matrizen kennen. Denn was bedeutet etwa die Angabe: "die ersten Elemente einer Matrix". Je nachdem, ob man zuerst die Spalten oder zuerst die Zeilen durchnumeriert, kommt man zu unterschiedlichen Ergebnissen.

In der Programmiersprache Fortran hat man festgelegt, daß eine Matrix in die einzelnen Spaltenvektoren "zerschnitten" wird und die Spaltenvektoren aneinandergeheftet werden ("lineare Indexfortschaltung"). Eine Matrix $A=(a_{ik})_{\substack{i=1,\ldots,m \\ k=1,\ldots,n}}$ geht also über in

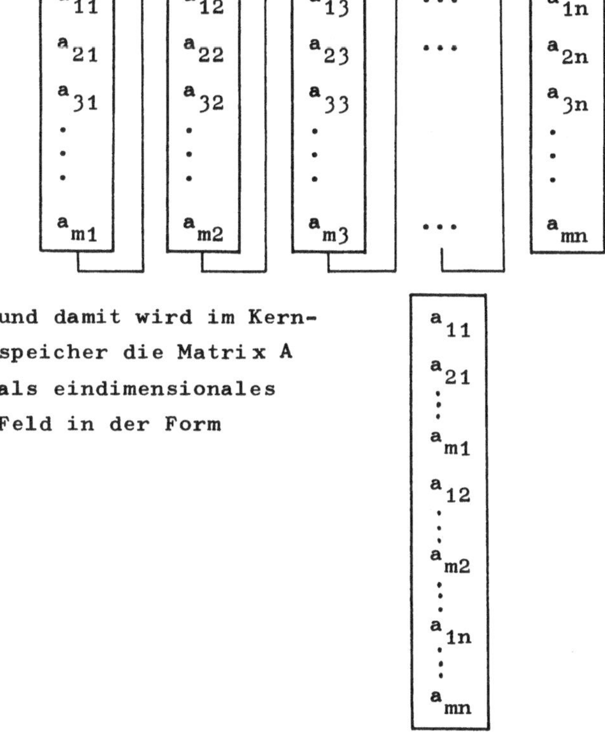

und damit wird im Kernspeicher die Matrix A als eindimensionales Feld in der Form

gespeichert.

Es ist also so, daß der erste Index i bei der Speicherung der
Matrixelemente schneller läuft als der zweite Index k. Nach diesem
Prinzip werden übrigens auch höherdimensionale Felder in ein ein-
dimensionales Feld umgewandelt und gespeichert.

[In der Mathematik betrachtet man in der Regel Matrizen
zeilenweise (d.h. man läßt den letzten Index schneller
laufen als den ersten). Es ist daher schade, daß man die
Indexfortschaltung in der Programmiersprache Fortran anders
festgelegt hat.]

Durch die angegebene Vereinbarung ist nun eindeutig festgelegt,
welches "die ersten Elemente einer Matrix" sind. So werden zum
Beispiel durch das Statement

$$\text{INTEGER } D(5,4)/5*1,7*0,3,4,6,8,4*2/$$

für die Matrix D die folgenden Werte festgelegt

$$\begin{pmatrix} 1 & 0 & 0 & 8 \\ 1 & 0 & 0 & 2 \\ 1 & 0 & 3 & 2 \\ 1 & 0 & 4 & 2 \\ 1 & 0 & 6 & 2 \end{pmatrix}$$

Bisher haben wir für die Speicherung eines Zeichens in einer Variablen nur die Möglichkeit kennengelernt, einen Einlesebefehl
gekoppelt mit dem Format-Code aAw auszuführen. Eine weitere Möglichkeit, einer Variablen die Verschlüsselung eines Zeichens zuzuordnen, bietet die Initialisierung. Man hat das - oder die -
zu verschlüsselnde(n) Zeichen in Apostrophs zwischen die Schrägstriche zu schreiben.

So wird zum Beispiel auf dem Speicherplatz mit dem Namen EINS
durch den Befehl

$$\text{INTEGER EINS}/\text{'}1\text{'}/$$

die Verschlüsselung der Ziffer 1 gespeichert. (Man vergleiche die Tabelle aus Paragraph 9.) In dem ersten Byte des 4 Bytes großen Speicherplatzes steht also

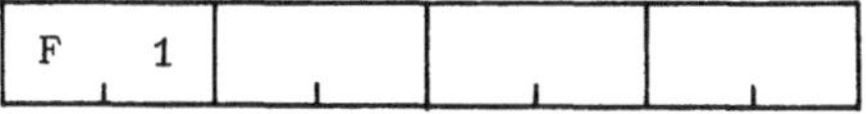

in den übrigen 3 Bytes werden Leerzeichen (hexadezimal 40) ergänzt, so daß auf dem gesamten Speicherplatz

steht. Dieser Anfangswertsetzung entspricht der folgende Programmausschnitt

```
      INTEGER EINS
      READ(5,101)EINS
  101 FORMAT(1A1)
```

wenn in der vorliegenden Datenkarte in der 1. Spalte die Ziffer 1 abgelocht ist. Auch in diesem Fall wird ja das erste Byte mit der Verschlüsselung der Ziffer 1 und die übrigen 3 Bytes des Speicherplatzes mit Leerzeichen besetzt (vgl. Aufgabe 9.1). Man beachte, daß nach dem Befehl

```
      INTEGER EINS/'␣␣1␣'/
```

ein anderer Wert auf dem Speicherplatz EINS steht, nämlich

Ebenso, wie man Zahlen als Anfangswerte für die Komponenten eines Vektors oder für die Elemente einer Matrix setzen kann, ist es möglich, die Verschlüsselung von gleichen Zeichen zu initialisieren. Zum Beispiel wird durch

$$\text{REAL VKT(100)/50*'}\sqcup\text{',50*'*'/}$$

in den ersten 50 Komponenten des Vektors VKT die Verschlüsselung des Leerzeichens, in den übrigen 50 Komponenten die Verschlüsselung des Multiplikationszeichens gespeichert.

Als ein Anwendungsbeispiel wollen wir ein Programm schreiben, das uns den qualitativen Verlauf einer Funktion y=f(x) wiedergibt.

Beispiel 10.1

Wir wollen das Polynom

$$y=4x^4-5x^2+1$$

an den Stellen x=-1.00, - 0.98, - 0.96,..., + 0.98, + 1.00 berechnen und die zugehörigen y-Werte in den Vektor VKT beginnend mit der ersten Komponente speichern.

Um bezüglich der Größe des Intervalls auf der x-Achse möglichst flexibel zu sein (im Hinblick auf andere Beispiele), legen wir die x-Achse senkrecht zur Ausgabenzeile, d.h. parallel zur linken Papierkante. Da der Zuwachs der x-Werte konstant ist, können wir den Zeilenvorschub ausnutzen: Der zu einem nachfolgenden Argument x gehörende Funktionswert y ist auf der nachfolgenden Zeile auszugeben. Für den Wertebereich der Funktion y - d.h. hier: für die berechneten y-Werte - wollen wir 100 Druckpositionen einer jeden Zeile vorsehen. An der zu einem $y(x_i)$ gehörenden Stelle wollen wir einen Stern ausdrucken lassen. An der linken Seite der Ausgabe sollen die Argumentwerte x_i und die Funktionswerte $y(x_i)$=VKT(I) aufgelistet werden. Es ergibt sich dann folgendes Bild:

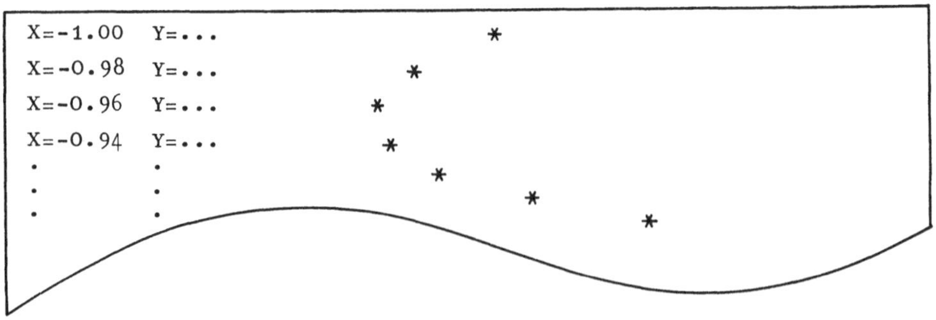

```
X=-1.00  Y=...                        *
X=-0.98  Y=...                    *
X=-0.96  Y=...               *
X=-0.94  Y=...                *
   .        .                    *
   .        .                      *
   .        .                         *
```

Die ausgedruckten Sterne geben in ihrer Gesamtheit einen qualitativen Verlauf der Funktion $y=4x^4-5x^2+1$ wieder.

Wir wollen nun das zugehörige Programm entwickeln. Zwar müßten wir verabredungsgemäß am Anfang des Programms alle zu benutzenden Größen deklarieren. Da wir sie im Augenblick noch nicht kennen, holen wir den Deklarationsteil später nach.

In dem Vektor VKT sollen die einzelnen Funktionswerte gespeichert werden.

```
      X=-1.
      I=1
    1 XQ=X*X
      VKT(I)=(4.*XQ-5.)*XQ+1.
      X=X+0.02
      I=I+1
      IF(X.LT.1.01)GO TO 1
```

Nach Durchlaufen dieser Schleife sind alle erforderlichen Funktionswerte in dem Vektor VKT gespeichert. Die Variable x hat (bis auf Rundungsfehler) den Wert 1,02,und die Variable I ist gerade um 1 größer als der Index der zuletzt berechneten Komponente des Vektors VKT. Daher wird jetzt angegeben

```
      IMAX=I-1
```

Wir müssen nun den größten und den kleinsten berechneten Wert von y (y_{max} und y_{min}) bestimmen, damit wir anschließend die Strecke $y_{max} - y_{min}$ auf die 100 Druckpositionen verteilen können.

```
      YMAX=VKT(1)
      YMIN=YMAX
      DO 2 I=2,IMAX
      Y=VKT(I)
      IF(YMAX.LT.Y)YMAX=Y
      IF(YMIN.GT.Y)YMIN=Y
    2 CONTINUE
```

Aus der angefügten Skizze
liest man die Beziehung
ab (Strahlensatz):

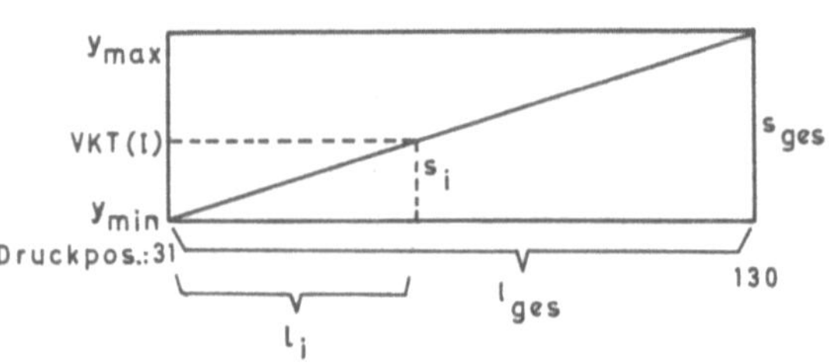

$$l_i : l_{ges} = s_i : s_{ges} \; .$$

Wegen $s_{ges} = y_{max} - y_{min}$

$$s_i = VKT(I) - y_{min}$$

und $l_{ges} = 130-31 = 99$

folgt hieraus $l_i = \dfrac{99}{y_{max} - y_{min}} \cdot (VKT(I)-y_{min})$.

Wir müssen nun angeben, wie wir uns die Ausgabe einer Zeile -
abgesehen von dem Ausdrucken der x- und y-Werte - vorstellen.

Wir können sagen, daß den Druckpositionen 31 bis 130 ein
Vektor ZEIL mit 100 Komponenten entspricht. In derjenigen Komponente des Vektors ZEIL, die der Länge l_i entspricht, speichern
wir einen Stern, in den übrigen Komponenten Leerzeichen.
Wenn wir anschließend den Vektor ZEIL ausgeben lassen, wird an der
gewünschten Stelle der Stern ausgegeben. Hierbei sind noch zwei
Dinge zu beachten:

1) Die Größe l_i kann Null werden; der Index eines Vektors muß
   stets positiv sein.

2) Bei der Rasterung, die durch den Abstand zweier benachbarter
   Druckpositionen innerhalb der Zeile gegeben ist, soll der
   Fehler möglichst klein gehalten werden.

Aus diesen beiden Gründen werden wir den Index des Vektors ZEIL
um 1,5 größer wählen als den Wert l_i.
Da wir alle berechneten Werte ausgegeben haben möchten, müssen
wir noch eine DO-Schleife vorsehen

```
      X=-1.0
      FAKTOR=99./(YMAX-YMIN)
      DO 3 I=1,IMAX
      INDEX=1.5+FAKTOR*(VKT(I)-YMIN)
      ZEIL(INDEX)=STERN
      WRITE(6,101)X,VKT(I),(ZEIL(K),K=1,INDEX)
  101 FORMAT(1X,'X =',F6.2,3X,' Y =',F8.3,T31,100A1)
      X=X+0.02
```

An dieser Stelle muß außerdem der gerade gedruckte Stern in dem
Vektor ZEIL durch ein Leerzeichen ersetzt werden (Was würde sonst
passieren?).

```
        ZEIL(INDEX)=BLANK
      3 CONTINUE
```

Anschließend kann das Programm mit

```
        STOP
        END
```

beendet werden.

Anzugeben sind jetzt noch die Deklarationen, die an den Anfang des
Programms gehören

```
        REAL VKT(200),X,Y,YMAX,YMIN,FAKTOR,XQ
```
(Die Zahl 200 ist sicher größer als der maximale Index IMAX des
 Vektors VKT)
```
        INTEGER I,K,IMAX,INDEX,ZEIL(100)/100*' '/,
      *        STERN/'*'/,BLANK/' '/
```

Damit ist das Programm zum "Zeichnen eines Kurvenverlaufs" fertig-
gestellt.

<u>Übung 10.1</u>

 Bitte lochen Sie das Programm von Beispiel 10.1 ab, und lassen
Sie es von der Rechenanlage bearbeiten.

<u>Aufgabe 10.1</u>

 Bitte lassen Sie sich - unter Veränderung des Beispiels 10.1 -
einen Kreis mit einem Durchmesser von ca. 20 cm ausdrucken.

<u>Anleitung:</u>

Die Koordinaten eines Kreises mit dem Radius r sind gegeben durch

$$y = \pm \sqrt{r^2 - x^2} \qquad\qquad -r \leq x \leq r.$$

Man beachte, daß der Abstand zweier aufeinanderfolgender Zeilen größer ist als der Abstand zweier Druckpositionen.

Den Radius r kann man bei der Berechnung der y-Werte gleich 1 wählen. Durch geeignetes Verzerren dieses Einheitskreises (in x- und y-Richtung) erhält man bei der Ausgabe einen Kreis mit dem Radius von ca. 10 cm.

11 Variables Format *)

Wir sind in Paragraph 8 ausführlich auf das Einlesen und Ausdrucken von Variablenwerten eingegangen und haben in diesem Zusammenhang die erforderlichen Formatangaben beschrieben. Wir
haben gesehen, daß man ein einmal angegebenes Format während der
Ausführung des Programms nicht verändern kann. Falls eine Variable
nach verschiedenen Formaten - abhängig vom Programmablauf - ausgegeben werden soll, sind verschiedene WRITE-Befehle vorzusehen,
die durch logische IF-Abfragen zu steuern sind. In der Regel kommt
man daher mit den in Paragraph 8 beschriebenen Hilfsmitteln aus.
Trotzdem kann man manchmal das variable Format mit Vorteil verwenden.

Wir wollen deshalb an einem speziellen Beispiel zeigen, wie
man das variable Format benutzen kann.
Die Binomialkoeffizienten

$$\binom{n}{k} \qquad \text{gesprochen: n über k}$$

sind für n=0,1,2,3,.. und k=0,1,...,n definiert durch

$$\binom{n}{k} = \frac{n!}{(n-k)!\,k!}$$

wobei die Bedeutung von n! (n-Fakultät) in Aufgabe 9.2b angegeben
wurde. Wenn man die Binomialkoeffizienten nach dieser Formel als
INTEGER-Zahlen berechnet, so wird man für Zahlen n, die größer
als 12 sind, Schiffbruch erleiden: n! wird dann so groß, daß ihr
Wert als Dualzahl nicht in den vorgesehenen 4 Bytes gespeichert
werden kann (vgl. Aufgabe 9.2). Formt man die Bestimmungsgleichung
für die Binomialkoeffizienten jedoch ein wenig um, so erhält man
mit

$$\binom{n+1}{k} = \binom{n}{k} + \binom{n}{k-1} \qquad \text{für } k=1,\ldots,n$$

eine sogenannte Rekursionsformel, die es gestattet, die Binomialkoeffizienten für wesentlich höhere Werte von n durch die Rechenanlage bestimmen zu lassen. Die Rekursionsformel beschreibt das
folgende sogenannte Pascalsche Dreieck.

```
                 1

               1   1

             1   2   1

           1   3   3   1

         1   4   6   4   1

       1   5  10  10   5   1

     1   6  15  20  15   6   1
```

Jede Zeile des Dreiecks ergibt sich - abgesehen von ihrer ersten
und letzten Zahl - aus der vorhergehenden durch Addition der beiden
benachbarten Werte. Dieses Pascalsche Dreieck wollen wir berechnen
und in der Dreiecksform ausdrucken lassen.

Wie man sich leicht klarmacht , muß beim Ausdrucken jeder
einzelnen Zeile des Dreiecks der freie Raum vor ihrer ersten Zahl
im Vergleich zur vorausgegangenen Zeile verkleinert werden. Andererseits muß gleichzeitig die Anzahl der auszugebenden Zahlen erhöht
werden. Damit ist das Ausdrucken mit einem einzigen (festen)
Format nicht möglich. Wir wollen nun zeigen, wie die Lösung mit
variablem Format aussieht.

Man kann bei einem READ- oder WRITE-Befehl statt der Nummer
eines Format-Statements den Namen eines Vektors angeben. In diesem
Vektor müssen dann von der ersten Komponente an alle Formatangaben
gespeichert sein, die in einem der bisher benutzten Format-Statements nach dem Schlüsselwort FORMAT stehen. Es spielt dabei keine
Rolle, welcher Typ für den Vektor vereinbart worden ist. So ist
beispielsweise die folgenden Angabe

```
      WRITE(6,100)X,Y
  100 FORMAT(1X,F10.3,E20.6)
```

gleichwertig mit

```
    REAL VEKT(5)/'(1X,','F10.','3,','E20','.6)'/
    WRITE(6,VEKT)X,Y
```

denn in den 5 Komponenten des Vektors VEKT stehen hintereinander
in den

Komponenten   1   2   3   4   5

die Zeichen:

(1X,	F10.	3,ᴜᴜ	E20ᴜ	.6)ᴜ

Da man weiß, welche Zeichen in welcher Komponente des Vektors
VEKT verschlüsselt sind, kann man während der Programmausführung
Änderungen an dem Vektor und damit an dem Format vornehmen. Möchte
man etwa den Wert von Y nicht nur nach dem Code E20.6, sondern
auch in hexadezimaler Form ausdrucken lassen, so kann man folgendermaßen vorgehen

```
    REAL VEKT(5)/'(1X,','F10.','3,','E20','.6)'/,
  * H1/'Z8'/,H2/')'/
    WRITE(6,VEKT)X,Y
         .
         .
         .
    VEKT(4)=H1
    VEKT(5)=H2
    WRITE(6,VEKT)X,Y
```

In dem Vektor VEKT stehen nämlich nach den beiden Zuweisungen

in den Komponenten   1   2   3   4   5

die Zeichen:

(1X,	F10.	3,ᴜᴜ	Z8ᴜᴜ	)ᴜᴜᴜ

Es wird also die folgende Formatangabe

```
    (1X,F10.3,Z8)
```

zur Ausgabe benutzt.

Wir wollen nach diesen Vorbereitungen nun das Programm zur
Berechnung und Ausgabe des Pascalschen Dreiecks angeben. -
Der Einfachheit halber wollen wir hier für die Binomialkoeffizienten
eine Matrix reservieren, ungeachtet dessen, daß man mit weniger
Speicherplatz auskäme.

```
      INTEGER*2 B(17,17)/289*1/,K,N
      REAL VARFOR(7)/'(//T','65',',','1','(I5,','3X),','I5)'/,
     *      TAB(16)/'61','57','53','49','45','41','37','33',
     *        '29','25','21','17','13','9','5','1'/,
     *      ANZ(16)/'1','2','3','4','5','6','7','8','9','10',
     *        '11','12','13','14','15','16'/
      N=1
      WRITE(6,100)
  100 FORMAT('1')
      WRITE(6,VARFOR)B(1,1)
    1 VARFOR(2)=TAB(N)
      VARFOR(4)=ANZ(N)
      N=N+1
      WRITE(6,VARFOR)(B(N,K),K=1,N)
      IF(N.GE.17)GO TO 2222
      DO 2 K=2,N
      B(N+1,K)=B(N,K)+B(N,K-1)
    2 CONTINUE
      GO TO 1
 2222 STOP
      END
```

Bitte schreiben Sie sich zum Verständnis des Programms untereinander auf, welche Zeichen in dem Vektor VARFOR

       zu Beginn,
       nach der ersten Änderung durch die beiden Zuweisungen von
       TAB(1) und ANZ(1),
und   nach der zweiten Änderung durch die beiden Zuweisungen von
       TAB(2) und ANZ(2)

verschlüsselt sind.

12 Das arithmetische IF-Statement

In Paragraph 5 haben wir das logische IF-Statement näher erläutert. Bei dem logischen IF-Statement wird der Wert des zugehörigen <u>logischen Ausdrucks</u> bestimmt und der angeschlossene Befehl
ausgeführt, falls der logische Ausdruck den Wert .TRUE. besitzt.
Im anderen Fall wird das Programm mit dem nachfolgenden Statement
fortgesetzt.

Bei dem arithmetischen IF-Statement wird ein <u>arithmetischer
Ausdruck</u> ausgewertet und geprüft, ob der berechnete Wert negativ,
gleich Null oder positiv ist. Gekoppelt sind mit diesen drei Möglichkeiten drei Statement-Nummern. Es wird zu einem dieser drei
Befehle gesprungen, je nachdem, ob der arithmetische Ausdruck
negativ ist, verschwindet oder einen positiven Wert besitzt.

Die allgemeine Form des arithmetischen IF-Statements lautet

$$IF(aA)n_1,n_2,n_3$$

Dabei steht

$$aA$$

für einen arithmetischen Ausdruck, der vom Typ INTEGER*2, INTEGER,
REAL oder REAL*8 sein darf,

$$n_1, \ n_2, \ n_3$$

stehen für Statement-Nummern.

Es wird zu dem Befehl mit der

Nummer	n_1	gesprungen, falls aA kleiner als Null ist,
zu	n_2	gesprungen, falls aA gleich Null ist und
zu	n_3	gesprungen, falls aA größer als Null ist.

Man kann also statt des einen Befehls

$$IF(aA) \ n_1,n_2,n_3$$

auch die folgenden drei Befehle angeben

$$IF(aA.LT.0)GO\ TO\ n_1$$
$$IF(aA.EQ.0)GO\ TO\ n_2$$
$$IF(aA.GT.0)GO\ TO\ n_3$$

Die Statement-Nummern n_1, n_2, n_3 müssen nicht voneinander verschieden sein. Zum Beispiel ist der Befehl

$$IF(aA)n_1,\ n_2,\ n_1$$

erlaubt und gleichbedeutend mit den beiden logischen IF-Statements

$$IF(aA.NE.0)GO\ TO\ n_1$$
$$IF(aA.EQ.0)GO\ TO\ n_2$$

und entsprechend bedeutet

$$IF(aA)n_1,n_1,n_3$$

dasselbe wie

$$IF(aA.LE.0)GO\ TO\ n_1$$
$$IF(aA.GT.0)GO\ TO\ n_3$$

Prinzipiell kann man jeden arithmetischen IF-Befehl in eine Folge
von logischen IF-Statements auflösen und umgekehrt jeden logischen
IF-Befehl in eine Folge von Befehlen, die u.U. mit <u>einem</u> arithmetischen IF-Befehl "angesprungen" werden. Für die eine Behauptung
haben wir oben schon Beispiele angegeben. Für die andere sei
folgendes Beispiel ausreichend, das die Technik des Auflösens zeigen
soll.
Die Befehle

$$IF(X.LE.13)WRITE(6,100)X,Y$$
$$Z=X+Y$$

gehen über in die Befehlsfolge

```
   IF(X-13)10,10,25
10 WRITE(6,100)X,Y
25 Z=X+Y
```

Für eine Rechenanlage ist ein arithmetisches IF-Statement einfacher zu verarbeiten als ein logischer IF-Befehl. Deshalb sollte man nach Möglichkeit arithmetische IF-Statements benutzen. Auf der anderen Seite kann man ein Programm durch die Verwendung logischer IF-Befehle übersichtlicher gestalten, so daß der eine Vorteil durch den anderen Nachteil aufgewogen wird und man beide Möglichkeiten mit gleicher Berechtigung verwenden kann.

Aufgabe 12.1

Bitte beschreiben Sie, wie man
a) ein arithmetisches IF-Statement
.b) ein logisches IF-Statement
handhaben kann.

13 Unterprogrammtechnik; Funktionsunterprogramme

Mit den bisher angegebenen Hilfsmitteln kommt man in der Regel
aus, um jedes der Programmiersprache Fortran angemessene Problem
zu lösen. Trotzdem sollten Sie sich aus den beiden folgenden Gründen
mit der Unterprogrammtechnik vertraut machen.

1) Durch das Unterteilen eines umfangreicheren Programms
   in einzelne Unterprogramme kann ein Programm übersichtlicher gestaltet werden. Demzufolge läßt sich das Programm schneller austesten.

2) Für viele Probleme stehen bereits Lösungen zur Verfügung.
   Diese Lösungen sind in der Regel als Funktionsunterprogramme
   oder als Subroutinen angelegt.

Von den drei möglichen Unterprogrammarten wollen wir die beiden
wichtigsten beschreiben, nämlich die Funktionsunterprogramme und in
Paragraph 14 die Subroutinen. Die dritte, hier nicht behandelte
Unterprogrammart ("statement function") ist eine vereinfachte Form
der Funktionsunterprogramme.

Bevor wir im einzelnen erläutern, wie man Unterprogramme zusammen-
stellt und handhabt, wollen wir kurz angeben, wie die von der Her-
stellerfirma mitgelieferten Unterprogramme benutzt werden.

Im wesentlichen umfassen die mitgelieferten Funktionsunterprogramme mathematische Funktionen, und zwar die sogenannten "elementaren
Funktionen". So sind für die folgenden Funktionen Unterprogramme
vorhanden:

die Exponentialfunktion

$$e^x$$

und ihre Umkehrfunktion

$$\ln(x) \quad \text{bzw.} \quad \log_{10}(x),$$

die trigonometrischen Funktionen

$$\sin(x), \cos(x), \tan(x) \text{ und } \cot(x)$$

und ihre Umkehrfunktionen, die Kreisbogen- oder Arcusfunktionen

$$\arcsin(x), \arccos(x), \arctan(x),$$

die Hyperbelfunktionen

$$\sinh(x), \cosh(x) \text{ und } \tanh(x).$$

Ferner sind noch von Bedeutung die Wurzelfunktion

$$\sqrt[2]{x}$$

und der Absolutbetrag

$$|x|.$$

In der Mathematik gibt man gewöhnlich nach dem Namen der Funktion das Argument in Klammern an. Dies hat man in der Programmiersprache Fortran übernommen. So schreibt man zum Beispiel

```
          SIN(X)      für die Funktion sin(x)
oder      ARCOS(X)    für die Funktion arcos(x)
```

und man sagt: Die Funktion SIN bzw. ARCOS wird aufgerufen und an der Stelle x berechnet.

Sinnvollerweise hat man für die angegebenen mathematischen Funktionswerte den Typ Gleitkomma festgelegt. Da ihre Argumente Zahlen, Variable oder arithmetische Ausdrücke vom Typ

```
          REAL*4   oder   REAL*8
```

sein dürfen, muß man auch für die berechneten Funktionswerte die beiden Typen REAL oder REAL*8 zulassen. Demzufolge gibt es zwei Arten von Funktionsunterprogrammen:

Funktionen mit einfacher Genauigkeit
                - ihre Argumente müssen vom Typ REAL sein -
Funktionen mit doppelter Genauigkeit
                - ihre Argumente müssen vom Typ REAL*8 sein - .

Abgesehen von der Logarithmusfunktion unterscheiden sich die Namen der doppelt genauen Funktionen von den Namen der einfach genauen Funktionen durch ein vorangestelltes D, wie man aus der folgenden Tabelle entnehmen kann.

Name (einf. Genauigkeit)	Name (dopp. Genauigkeit)	Funktion	Bemerkung
EXP	DEXP	e^x	
ALOG	DLOG	$\ln(x)$	Log. zur Basis e
ALOG 10	DLOG 10	$\log_{10}(x)$	Log. zur Basis 10
SIN	DSIN	$\sin(x)$	Argument x gemessen im Bogenmaß
COS	DCOS	$\cos(x)$	
TAN	DTAN	$\tan(x)$	
COTAN	DCOTAN	$\cot(x)$	
ARSIN	DARSIN	$\arcsin(x)$	
ARCOS	DARCOS	$\arccos(x)$	
ATAN	DATAN	$\arctan(x)$	
SINH	DSINH	$\sinh(x)$	
COSH	DCOSH	$\cosh(x)$	
TANH	DTANH	$\tanh(x)$	
SQRT	DSQRT	$\sqrt[2]{x}$	Bezeichnung von:square root
ABS	DABS	$|x|$	

Beim Schreiben des Programms, das eines der obigen Unterprogramme aufruft, braucht man sich nicht darum zu kümmern, wie der gewünschte Funktionswert berechnet wird. Man hat in dem aufrufenden Programm dem Funktionsnamen den entsprechenden Typ

$$
\begin{array}{ll}
\text{REAL} & \text{bei einfach genauen Funktionswerten} \\
\text{REAL*8} & \text{bei doppelt genauen Funktionswerten}
\end{array}
$$

zuzuordnen und dafür zu sorgen, daß das Argument- Zahlenwert, Variable oder arithmetischer Ausdruck - denselben Typ besitzt. Als Beispiel hierzu wollen wir einmal

$$y = e^{\frac{x}{2}} \cdot \sin(4\pi x)$$

für x =- 1, -0.9,...,+1 berechnen und ausdrucken lassen.

Beispiel 13.1

Berechnung von $y = e^{\frac{x}{2}} \cdot \sin(4\pi x)$ für x =- 1, -0.9,...,+1.

```
      REAL Y,EXP,X,SIN,PI/3.141593/
      PI=PI*4.
      X=-1.
    1 Y=EXP(+0.5*X)*SIN(PI*X)
      WRITE(6,102)X,Y
      X=X+0.1
      IF(X-1.05)1,2,2
  102 FORMAT(T4,'X=',F6.2,5X,'Y=',E15.6)
    2 STOP
      END
```

An dieses Beispiel wollen wir die folgende Übung anschließen.

Übung 13.1

In Paragraph 10 wurde ein Programm angegeben, das eine Werte-
tabelle graphisch auf dem Drucker ausgeben kann.
Bitte ändern Sie die Programme von Beispiel 10.1 und 13.1 so ab,
daß

$$y = e^{-x} \sin(4\pi x)$$

im Intervall $[-1,1]$ graphisch auf dem Drucker ausgegeben wird.
Warum genügt es für eine qualitativ gute Annäherung an den Graph
von y nicht, y nur an den in Beispiel 13.1 angegebenen Stellen x
auszurechnen? Welchen Abstand zweier aufeinanderfolgender x-Werte
wollen Sie wählen?

Nachdem wir die wichtigsten der vom Rechenanlagenhersteller mitgelieferten Funktionsunterprogramme kurz angegeben haben, wollen wir
nun sehen, wie man eigene Unterprogramme verfassen kann. Wir wollen
mit den Funktionsunterprogrammen beginnen.

Ein Funktionsunterprogramm können wir uns als ein in gewissem
Sinne selbständiges Programm vorstellen: Eine Folge von Befehlen
berechnet aus den Werten,die dem Unterprogramm mitgeteilt werden,
einen Funktionswert. Dieser Funktionswert wird anschließend an das
aufrufende Programm abgegeben. Man kann bei der Programmierung in der
Unterprogrammtechnik zwei Phasen unterscheiden und sollte sie auch
streng voneinander trennen:

I Formulierung des Unterprogramms
II Aufruf des Unterprogramms.

Die Formulierung eines Funktionsunterprogramms hat immer den
folgenden Aufbau

```
typ FUNCTION name (LfP)
Deklaration der LfP und aller im Unterprogramm
benutzten Variablen
   Folge von Befehlen zur Berechnung
   des Funktionswertes "name"
name = ...
RETURN
END
```

(Die Abkürzung LfP, die hier für die "Liste der formalen Parameter"
steht, wird weiter unten erklärt).

Das Schlüsselwort FUNCTION gibt an, daß es sich um ein
Funktionsunterprogramm handelt. Das Unterprogramm soll den Namen
erhalten, der auf das Schlüsselwort FUNCTION folgt (oben angedeutet
durch: "name"). Der Typ des zu berechnenden Funktionswertes wird
festgelegt durch eines der drei Schlüsselwörter LOGICAL, INTEGER
oder REAL, das dann an die Stelle der Angabe "typ" vor das
Schlüsselwort FUNCTION zu setzen ist. Will man für den zu berechnenden Funktionswert einen der Typen LOGICAL*1, INTEGER*2 oder REAL*8

festlegen, so hat man abweichend von dem bisherigen Gebrauch
dieser Schlüsselwörter zu schreiben

```
              LOGICAL  FUNCTION     name*1    (LfP)
              INTEGER  FUNCTION     name*2    (LfP)
oder          REAL     FUNCTION     name*8    (LfP)
```

In den Klammern nach dem Namen der Funktion werden die Argumente (oder "Parameter") aufgezählt, von denen der zu bestimmende
Funktionswert abhängt. In der Phase der Formulierung des Funktionsunterprogramms wird an dieser Stelle die Liste der formalen Parameter angegeben. In dieser Liste sind die einzelnen formalen Parameter durch Kommata zu trennen.

Unter den <u>formalen</u> Parametern sind die Namen der Variablen
(d.h. der einfachen Variablen, der Vektoren oder der Matrizen)
zu verstehen, die als Argumente der Funktion in der Phase der
Formulierung des Unterprogramms angegeben werden. Den formalen Parametern wird weder im aufrufenden Programm noch im Unterprogramm ein
Wert zugewiesen, und doch kann man im Unterprogramm so tun, als
hätte man den formalen Parametern einen Wert zugewiesen. Dies
liegt daran, daß die formalen Parameter gewissermaßen Platzhalter
für die beim Aufruf des Unterprogramms zu übergebenden <u>aktuellen</u>
Parameter sind.

Durch die Angabe

```
              name = ...
```

in der obigen allgemeinen Form soll angedeutet werden, daß dem
Namen des Funktionsunterprogramms der berechnete Funktionswert
zugewiesen werden muß. Auf dem zu diesem Namen gehörenden Speicherplatz steht dann der berechnete Funktionswert, der natürlich je
nach den beim Aufruf des Unterprogramms angegebenen aktuellen
Parametern unterschiedlich sein kann.

Durch den Befehl

```
              RETURN
```

erfolgt nach dem Aufruf des Unterprogramms und nach Berechnung des
Funktionswertes die "Rückkehr" in das aufrufende Programm.

Der Befehl

     END

gibt an, daß mit ihm die Formulierung des Unterprogramms beendet ist.

Nun soll ein Beispiel zur Formulierung eines Funktionsunterprogramms angegeben werden.

Beispiel 13.2

  In einem Unterprogramm soll die Funktion

$$y = 4x^4 - 5x^2 + 1$$

programmiert werden.

  Offensichtlich hängt die Funktion y nur von einem Argument, nämlich x ab. Zur Formulierung des Unterprogramms benötigen wir also einen _formalen_ Parameter , den wir auch X nennen wollen. Für die Funktionswerte von y wollen wir den Typ REAL vereinbaren. Unser Unterprogramm lautet dann

```
REAL FUNCTION Y(X)
REAL X,XQ
XQ=X*X
Y=(4.*XQ-5.)*XQ+1.
RETURN
END
```

  Formal ist damit die Funktion y beschrieben. Aber der Funktionswert y kann noch nicht berechnet werden: Die Größe X ist - wie gesagt - nur Platzhalter. Erst beim Aufruf des Unterprogramms wird der Platzhalter X durch einen _aktuellen_ Parameter ersetzt. Durch den aktuellen Parameter wird ein Argumentwert übergeben, für den im Unterprogramm nun der gesuchte Funktionswert berechnet wird.

  In dem Programm (Hauptprogramm oder ein anderes Unterprogramm), in dem die Funktion aufgerufen wird, muß dem Namen des Unterprogramms derselbe Typ zugeordnet werden, wie er durch die erste Zeile der

Formulierung des Unterprogramms

> typ FUNCTION name (LfP)

festgelgt wurde. Ebenso müssen die aktuellen Parameter denselben
Typ im aufrufenden Programm besitzen wie die formalen Parameter
im Unterprogramm (sonst könnten sie ja nicht "Platzhalter" für
die aktuellen Parameter sein).

Wir wollen nun einen Aufruf des obigen Unterprogramms als
Beispiel angeben.

```
      REAL VKT(200),XWERT,Y
      INTEGER I,IMAX
      I=1
      XWERT=-1.
    1 VKT(I)=Y(XWERT)
      XWERT=XWERT+0.2
      I=I+1
      IF(XWERT-1.01)1,2,2
    2 IMAX=I-1
      .
      .
      .
```

In der Zeile

> 1 VKT(I)=Y(XWERT)

geschieht der Aufruf des Unterprogramms Y. Der aktuelle Parameter
XWERT besitzt beim ersten Durchlauf der Schleife den Wert -1,0. Damit wird die Funktion y an der Stelle -1,0 berechnet und in VKT(1)
gespeichert, u.s.w.

Selbstverständlich darf der Funktionsaufruf auch in einem arithme
tischen Ausdruck stehen. So wäre statt der oben angegebenen Zeile
auch der Befehl

> 1 VKT(I)=2.+Y(XWERT)**3-Y(XWERT+0.7)

erlaubt gewesen. Es wäre dann

$$VKT(1)=2+(y(-1,0))^3-y(-0,3)$$

berechnet worden und beim nächsten Durchlauf der Schleife

$$VKT(2)=2+(y(-0,8))^3-y(-0,1).$$

Wie schon oben angegeben, muß man beim Aufruf eines Unterprogramms darauf achten, daß der Typ des aktuellen Parameters mit dem angegebenen Typ des entsprechenden formalen Parameters übereinstimmt.

So ist beispielsweise der Aufruf Y(-1) fehlerhaft, da die Zahl -1 eine INTEGER-Konstante ist, der formale Parameter aber als REAL-Größe deklariert ist. Richtig wäre der Aufruf des Unterprogramms Y in der Form

        Y(-1.)

gewesen.

Die Frage ist nun, an welcher Stelle innerhalb des Gesamtprogramms man Haupt- und Unterprogramm angibt. Die Anwort läßt sich schnell an dem folgenden Schaubild ablesen:

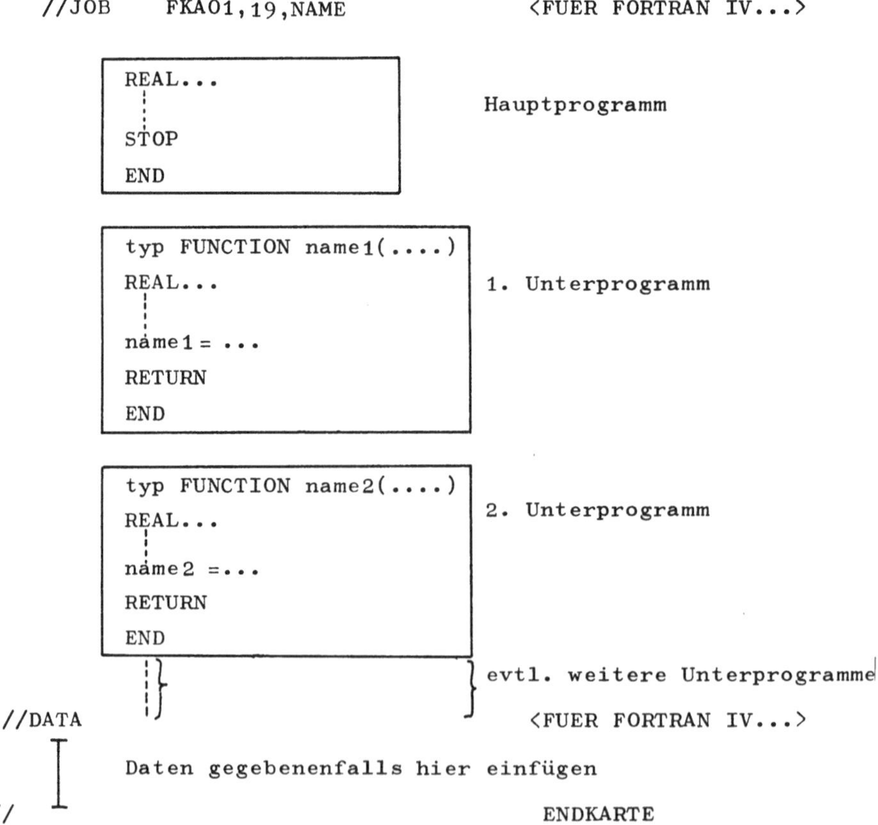

<u>Übung 13.2</u>

Bitte ändern Sie Übung 13.1 so ab, daß die in Beispiel 13.2 angegebene Funktion graphisch ausgegeben wird.

<u>Beispiel 13.3</u>

Wir wollen die Auswertung des

$$\text{Polynoms} \quad \sum_{i=1}^{n+1} a_i \, x^{i-1}$$

als ein Funktionsunterprogramm angeben.

Bitte machen Sie sich klar, daß der Wert des Polynoms abhängt von

	dem Polynomgrad	$n,$
	den Koeffizienten	$a_1, \ a_2, \dots, a_{n+1}$
und	dem Argument	x

Die Koeffizienten werden - wie wir es schon früher gesehen haben -
zu einem Vektor zusammengefaßt, und dieser Vektor wird als <u>ein</u>
<u>einziger</u> formaler Parameter angesehen.

Die Befehle in dem Unterprogramm mit Namen POL zur Berechnung des
Polynoms lauten:

```
REAL FUNCTION POL(N,A,X)
REAL A(21),X,S
INTEGER N,I,K,N1
S=0.
N1=N+1
DO 1 I=1,N1
K=N1-I+1
S=S*X+A(K)
1 CONTINUE
POL=S
RETURN
END
```

Die Reihenfolge der formalen Parameter N,A,X wurde willkürlich so gewählt. Jede andere Reihenfolge wäre ebenso möglich gewesen: entscheidend ist nur, daß bei einem Aufruf des Unterprogramms POL die Reihenfolge der aktuellen Parameter damit übereinstimmt.

Wollen wir als Anwendungsbeispiel das Polynom

$$y = 4x^4 - 5x^2 + 1$$

an den Stellen x =- 1, - 0,9,..., + 1 berechnen, so kann man dafür das folgende Hauptprogramm angeben

```
      REAL XW,A(21),Y,POL
      INTEGER GRAD/4/,N,I
      N=GRAD+1
      READ(5,100)(A(I),I=1,N)
  100 FORMAT(5F5.0)
      XW=-1.
    1 Y=POL(GRAD,A,XW)
      WRITE(6,101)XW,Y
  101 FORMAT(1X,F7.2,E12.3)
      XW=XW+0.1
      IF(XW-1.05)1,2,2
    2 STOP
      END
```

Auf der zugehörigen Datenkarte müssen nebeneinander in dem angegebenen Format die Werte 1. 0. -5. 0. +4. stehen.

Wir können uns ein Funktionsunterprogramm als einen "schwarzen Kasten" vorstellen. Das, was in dem schwarzen Kasten im einzelnen passiert, interessiert die "Außenwelt" nicht. Wir haben nur die Möglichkeit, - über die Parameter - gewisse Informationen in den Kasten einzugeben und erhalten anschließend - über den Namen des Funktionsunterprogramms - einen bestimmten Wert zurück. Welche Variablen zusätzlich innerhalb des schwarzen Kastens zur Berechnung des Funktionswertes benötigt werden, ist außerhalb ohne Interesse.

Damit darf man Speicherplätzen innerhalb und außerhalb eines
Unterprogramms denselben Namen geben, wie z.B. im Beispiel 13.3
den Variablen I: Im Unterprogramm wird I als Laufvariable der DO-
Schleife benutzt, im Hauptprogramm als Variable zum Einlesen der
Koeffizienten A(1),...,A(N). Beide Variablen haben nichts mitein-
ander zu tun.

In der Formulierung des Unterprogramms von Beispiel 13.3 wurde
ein Vektor A als formaler Parameter benutzt. Es ist ohne Bedeutung,
daß bei dem Aufruf der Funktion POL der aktuelle Parameter zu-
fälligerweise ebenfalls A heißt.

Bitte beachten Sie, daß bei dem Vektor A die Zahl der im Hauptprogramm reservierten Speicherplätze übereinstimmt mit dem Wert des
maximalen Index, der im Deklarationsteil des Unterprogramms für den
formalen Parameter A angegeben wurde. Bei formalen Parametern, die
ein- oder mehrdimensionale Felder darstellen, ist es im Deklarationsteil des Unterprogramms zwar erlaubt, einen anderen Wert als im
Hauptprogramm für den maximalen Index anzugeben, empfehlenswert ist
es jedoch nicht. Bei Matrizen oder höherdimensionalen Feldern kann
dies nämlich zu unerwünschten Ergebnissen führen. Man sollte deshalb prinzipiell bei ein- oder mehrdimensionalen Feldern, wenn sie
als Parameter benutzt werden, im Haupt- und Unterprogramm dieselben
Grenzen für die jeweiligen Indizes angeben. Zur Erläuterung dieser
Schwierigkeiten soll nun beschrieben werden, wie die Werte von ein-
und mehrdimensionalen Feldern an ein Unterprogramm übergeben werden.

Im Unterprogramm wird bei einem Vektor, der ein formaler Parameter ist, aus der Deklarationsangabe des maximalen Index lediglich
die Information abgelesen, daß es sich bei dem formalen Parameter
um ein eindimensionales Feld handelt. Eine zusätzliche Speicherplatzreservierung braucht für den formalen Parameter nicht zu er-
folgen, da für den aktuellen Parameter bereits Speicherplätze
reserviert sind und bei einem Aufruf des Unterprogramms ja auf diese
Speicherplätze zurückgegriffen wird.

Wird eine Matrix als formaler Parameter in einem Unterprogramm
benutzt, so wird durch die beiden maximalen Indizes im Deklarationsteil angegeben, daß es sich bei dem formalen Parameter um ein zwei-
dimensionales Feld handelt. Zusätzlich wird im Unterprogramm

angemerkt, wieviele Zeilen und wieviele Spalten die Matrix im Unterprogramm besitzen soll. Diese Angabe ist erforderlich, da die Matrix - wie in Paragraph 10 beschrieben - in einen Vektor umgewandelt wird und für die lineare Indexfortschaltung die Anzahl der Zeilen festgelegt sein muß.

Auch im Hauptprogramm wird jede Matrix mit Hilfe der linearen Indexfortschaltung in einen Vektor umgewandelt. Über die Parameterliste wird also statt der Matrix, deren Namen wir im Programmaufruf angeben, in Wirklichkeit ein Vektor übergeben. Sind auf Grund unterschiedlicher Angaben in den Deklarationsteilen die Anzahl der Zeilen der zugehörigen Matrizen im Haupt- und Unterprogramm verschieden, so weichen auch die linearen Indexfortschaltungen voneinander ab. Dies bewirkt, daß zwar der Vektor richtig übergeben wird, die Matrixelemente jedoch an falschen Plätzen stehen. Zur Verdeutlichung sei das folgende Beispiel angegeben.

Unterprogrammausschnitt:

```
INTEGER FUNCTION MAT(D)
INTEGER D(2,4)
```

Im Hautprogramm sei die Matrix B deklariert durch

```
INTEGER B(3,4)
```

und es sei

$$B = \begin{pmatrix} 1 & 4 & 7 & 10 \\ 2 & 5 & 8 & 11 \\ 3 & 6 & 9 & 12 \end{pmatrix}$$

Durch einen Aufruf des Unterprogramms MAT wie zum Beispiel

```
KN=MAT(B)
```

werden die Werte der Matrix B folgendermaßen an das Unterprogramm übergeben:

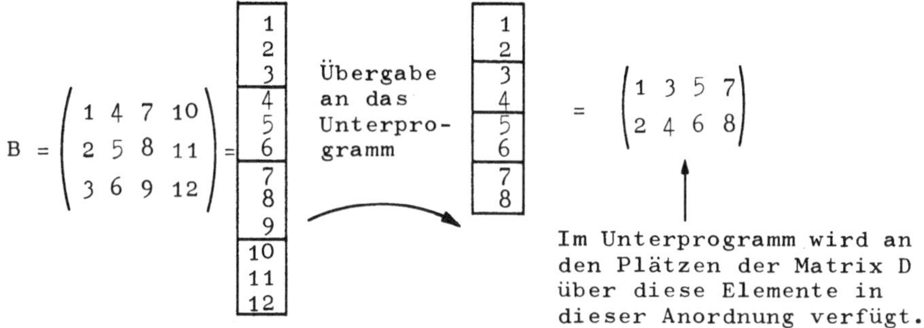

Im Unterprogramm stehen also in dem angegebenen Beispiel auf den Plätzen der Matrix D <u>nicht</u> die beiden ersten Zeilen der Matrix B.

Bei höherdimensionalen Feldern geschieht ebenfalls eine Umwandlung in einen Vektor; es treten daher dieselben Schwierigkeiten auch bei höherdimensionalen Feldern auf.

Zum Schluß soll angegeben werden, wie man eine Funktion als Argument eines anderen Unterprogramms verwenden kann. Es reicht nicht aus, bei dem Aufruf des Unterprogramms den Namen der Funktion als aktuellen Parameter anzugeben. In diesem Falle würde der Funktionsname als einfache Variable interpretiert, und dieses bedeutet natürlich einen Fehler. In dem Programm, welches das Unterprogramm aufruft, muß angegeben werden, daß der Name der Funktion "außerhalb" des aufrufenden Programms als ein weiteres Unterprogramm definiert ist. Dies geschieht durch das Schlüsselwort

EXTERNAL

und das anschließende Aufzählen aller Funktionsnamen, die als aktuelle Parameter in einem Programmaufruf benutzt werden. Unabhängig hiervon muß der Name der Funktion in einem Deklarations-Statement aufgeführt werden. Als erläuterndes Beispiel wollen wir die Befehle andeuten, die erforderlich sind, um den Integralwert INT einer Funktion FKT in den Grenzen XUGR und XOBGR (näherungsweise nach der Trapezregel ohne Unterteilung des Intervalls) zu berechnen.

-128-

```
REAL XUGR,XOBGR,INT,FKT,Y
EXTERNAL FKT
  :
  :
Y=INT(XUGR,XOBGR,FKT)
  :
  :
STOP
END
```
Hauptprogramm

```
REAL FUNCTION INT(LGR,RGR,F)
REAL LGR,RGR,F

INT=(F(LGR)+F(RGR))*(RGR-LGR)/2.
RETURN
END
```
erstes Unter-
programm

```
REAL FUNCTION FKT(X)
REAL X
  :
  :
FKT=...
RETURN
END
```
zweites Unter-
programm

<u>Aufgabe 13.1*</u>

Bitte berechnen Sie mit Hilfe der Trapezregel das Integral

$$\int_{0}^{1} \frac{\sin x}{x}\, dx$$

Schreiben Sie für den Integranden ein Funktionsunterprogramm und ein weiteres zur Berechnung des Integrals. Die Rechnung soll den richtigen Wert bis auf einen Fehler von maximal 10^{-4} liefern.

<u>Anleitung:</u>

Für die Trapezregel gilt

$$\int_{a}^{b} f(x)dx = \frac{b-a}{2}\,(f(x)+f(b))+R$$

$$\text{mit } |R| \leq \max_{x\in[a,b]} |f''(x)| \cdot \frac{(b-a)^3}{12}$$

14 Unterprogrammtechnik; Subroutinen

Die Funktionsunterprogramme, deren Handhabung wir im vorherigen
Paragraphen erläutert haben, dienen nur dazu, aus gewissen Argument-
werten genau einen Funktionswert zu berechnen. Die Argumente werden
als aktuelle Parameter an das Unterprogramm übergeben (eine andere
Möglichkeit werden wir in Paragraph 15 kennenlernen),und an das
aufrufende Programm wird der berechnete Funktionswert auf einen
Speicherplatz zurückgegeben, der den Namen des Funktionsunterprogramms trägt.

In einem Funktionsunterprogramm ist kein Befehl erlaubt, der
außerhalb des Unterprogramms weiterwirkt. So sind insbesondere
innerhalb eines Funktionsunterprogramms Ein- und Ausgabebefehle oder
Wertzuweisungen an die formalen Parameter nicht erlaubt; (es gibt
hierbei gewisse Ausnahmen, die man aber erst als erfahrener Programmierer benutzen sollte). Alle diese Befehle, deren Benutzung
in Funktionsunterprogrammen ausgeschlossen ist, dürfen in der
anderen Gruppe von Unterprogrammen, den sogenannten Subroutinen,
benutzt werden.

Die Subroutinen haben folgenden allgemeinen Aufbau

```
SUBROUTINE name (LfP)
Deklaration der LfP und aller Variablen,
die in der Subroutine benutzt werden sollen

    | Folge von Befehlen, die die
    | Subroutine umfassen soll

RETURN
END
```

Das Schlüsselwort

```
SUBROUTINE
```

gibt an, daß alle nachfolgenden Befehle bis zu den beiden Statements

RETURN und END einen Programmteil mit dem Namen bilden, der unmittelbar auf das Schlüsselwort SUBROUTINE folgt. Die Abkürzung
LfP soll hier wie in Paragraph 13

"Liste der formalen Parameter"

bedeuten. Der Informationsfluß über die Parameterliste braucht
nicht nur in das Unterprogramm hineinzugehen: Da man in einer
Subroutine den formalen Parametern Werte zuweisen darf, kann bei
einem Programmaufruf die Information auch in umgekehrter Richtung
fließen. Hierzu ein Beispiel

Beispiel 14.1

 Will man von den ersten N Werten einer Meßreihe MESS den größten
und den kleinsten Wert (GR und KL) bestimmen lassen, so kann das
Aufsuchen der Extremwerte durch folgendes Unterprogramm geschehen.

```
      SUBROUTINE EXTREM (MESS,N,KL,GR)
      REAL MESS(200),KL,GR,WERT
      INTEGER J,N
      KL=MESS(1)
      GR=KL
      DO 1 J=2,N
      WERT=MESS(J)
      IF(KL.GT.WERT)KL=WERT
      IF(GR.LT.WERT)GR=WERT
    1 CONTINUE
      WRITE(6,108)KL,GR
  108 FORMAT(1X,'KL. WERT =',E15.6,3X,
     *    'GR. WERT =',E15.6)
      RETURN
      END
```

 Wie wird nun eine Subroutine aufgerufen?
Dies geschieht durch das sogenannte CALL-Statement. Nach dem
Schlüsselwort CALL wird der Name der Subroutine angegeben und
daran anschließend in Klammern die Liste der aktuellen Parameter.

Will man also in dem Beispiel 14.1 von dem Vektor VKT den
kleinsten Wert VMIN und den größten VMAX aus den ersten 35
Komponenten bestimmen, so muß der Aufruf der oben angegebenen
Subroutine lauten

CALL EXTREM (VKT,35,VMIN,VMAX)

Nach diesem Aufruf stehen auf VMIN und VMAX das Minimum bzw.
das Maximum der ersten 35 Komponenten des Vektors VKT im
aufrufenden Programm zur Verfügung.

Im Gegensatz zu den Funktionsunterprogrammen darf der Name
einer Subroutine in dem aufrufenden Programm nicht deklariert
werden. Es wird ja kein Funktionswert an einen Speicherplatz mit
dem Namen des Unterprogramms übergeben; der Name der Subroutine
steht für eine Folge von Befehlen, die bei dem Aufruf des Unterprogramms mit den aktuellen Parametern ausgeführt werden sollen.

Aufgabe 14.1

In Beispiel 10.1 wurde ein Programm angegeben, das den Verlauf
einer Funktion graphisch auf dem Drucker auszugeben gestattet.
Schreiben Sie bitte eine Subroutine mit Namen BILD, die als
formale Parameter den Vektor VKT und die maximale Anzahl N von
Komponenten dieses Vektors enthält und in deren Befehlsfolge die
graphische Ausgabe vorgenommen wird. Testen Sie bitte Ihre
Subroutine an der in Beispiel 10.1 angegebenen Funktion aus.

In der Anleitung zu Aufgabe 6.3 wurde dargelegt, daß man zur
Berechnung der Determinante einer gegebenen Matrix diese Matrix
am zweckmäßigsten auf die Dreiecksform "transformiert". Das
gleiche Verfahren wendet man an, um bei einem linearen Gleichungs-
system die Lösung zu bestimmen. Ist die gegebene Matrix in die
Dreiecksform überführt worden, so kann man -ausgehend von der
letzten Zeile - nach und nach alle Unbekannten bestimmen.

Aufgabe 14.2*

Falls Sie Aufgabe 6.3 selbständig gelöst haben, programmieren
Sie bitte die Auflösung eines linearen Gleichungssystems als
eine Subroutine.
Falls Sie die mathematischen Voraussetzungen zum selbständigen
Programmieren der Lösung nicht besitzen, aber viel mit linearen
Gleichungssystemen zu tun haben, versuchen Sie bitte die im
Lösungsteil angegebene Subroutine zu verstehen.

Wir haben in Paragraph 10 beschrieben, wie man Variablen einen
Anfangswert zuweisen kann ("Initialisieren von Variablenwerten").
Im Zusammenhang mit Unterprogrammen sollten wir dieses Thema noch
einmal aufgreifen.

Prinzipiell wird einer Variablen nur ein einziges Mal ein Anfangswert zugewiesen und zwar in dem Augenblick, in dem das Programm in
die Maschinensprache übersetzt wird. Dies gilt auch für das Initialisieren von Variablenwerten in einem Unterprogramm: Die Zuweisung
des Anfangswertes geschieht nur einmal, unabhängig davon, wie oft
das Unterprogramm später aufgerufen wird.

Da man an dieser Stelle leicht Fehler macht, soll hier kurz ein
Beispiel angegeben werden.

Wir wollen annehmen, daß in einem Unterprogramm auf dem Speicherplatz S die Summe

$$\sum_{k=1}^{n} a_k$$

gebildet werden soll. Schreibt man in dem Unterprogramm

```
S=0.
DO 1 K=1,N
S=S+A(K)
1 CONTINUE
```

so wird bei jedem Aufruf des Unterprogramms die Variable S auf den
Wert Null gesetzt, bevor die Summation beginnt. Wird dagegen der
Wert Null durch die Initialisierung

```
REAL S/0./
```

vermittelt und anschließend mit

```
DO 1 K=1,N
S=S+A(K)
1 CONTINUE
```

fortgefahren, so befindet sich nur beim ersten Aufruf des Unterprogramms die Variable S auf dem Anfangswert Null, bei einem späteren Aufruf steht auf S die Summe aller vorher berechneten Summen.

Es hat sich gezeigt, daß sich die Subroutinen für einen Austausch von Programmen zu wissenschaftlichen Problemen besonders gut eignen. Auf der einen Seite sind sie in sich geschlossene Programmteile - dieses ist für die Entwicklung des Programms wichtig - und auf der anderen Seite kann man alle erforderlichen Informationen an das Unterprogramm oder von dem Unterprogramm über die Liste der Parameter steuern - dieses ist für die Anwendung des Programms wichtig.

Viele Herstellerfirmen von Rechenanlagen sind daher dazu übergegangen, neben den Funktionsunterprogrammen, die in Paragraph 13 beschrieben wurden, auch ein Paket von Subroutinen mitzuliefern, in dem immer wieder auftretende wissenschaftliche Programme zusammengefaßt sind. So sind beispielsweise in der Regel mehrere Subroutinen vorhanden zur Lösung eines linearen Gleichungssystems, zur Bestimmung von Eigenwerten oder für immer wieder auftauchende Probleme aus der mathematischen Statistik.

Die einzelnen Subroutinen sind in einem gesonderten Handbuch beschrieben und zwar in der Form

1) Beschreibung der mathematischen Formel oder des Verfahrens
2) Beschreibung der Handhabung der einzelnen Subroutinen
3) Liste aller Befehle der Subroutine.

Falls in der Ihnen zur Verfügung stehenden Rechenanlage die Subroutinen gespeichert sind - dies ist unter Umständen zu erfragen -

können Sie über die vom Hersteller mitgelieferten Subroutinen
durch ein CALL-Statement so verfügen, als ob Sie sie selbst geschrieben, abgelocht und zusammen mit Ihrem Programm in die Rechenanlage gegeben hätten. Nach dem Schlüsselwort

     CALL

ist also der Name der Subroutine mit den aktuellen Parametern in
der vorgeschriebenen Reihenfolge anzugeben.

15 Parameterübergabe durch den COMMON-Bereich

In den Paragraphen 13 und 14 haben wir beschrieben, wie der
Informationsaustausch zwischen einem aufrufenden und dem aufge-
rufenen Programm vor sich geht. Neben diesen Möglichkeiten kann
man einen Speicherbereich definieren, auf den man vom Hauptprogramm
und von jedem Unterprogramm aus gleichermaßen zurückgreifen kann.
Dieser gemeinsam zu benutzende Speicherbereich ist der sogenannte
COMMON-Bereich.

Bevor wir angeben, wie er definiert wird und wie man auf ihn
zurückgreifen kann, wollen wir überlegen, welche Information zur
Reservierung dieses Bereiches erforderlich ist. Drei Fragen sind
hierbei zu berücksichtigen:

1) Wo beginnt der gemeinsame Speicherbereich? oder anders
   formuliert: Wie heißt der erste Speicherplatz des COMMON-
   Bereiches?
2) Wie groß soll der COMMON-Bereich sein?
3) Welche Struktur soll der COMMON-Bereich besitzen?

Diese Informationen werden der Rechenanlage in einem einzigen
Befehl, dem sogenannten COMMON-Statement mitgeteilt, wobei gewisse
Informationen aus den Deklarationsangaben entnommen werden. Hierzu
ein Beispiel, das zunächst nur das Hauptprogramm berücksichtigt.

Beispiel 15.1

```
REAL*8 A,B,C,D(10,5)
INTEGER N,M,I,K
COMMON A,D,N,K
       :
```

Hierdurch wird ein COMMON-Bereich definiert, der mit der Variablen
A beginnt. Er umfaßt die Variable A, die Matrix- Elemente D(1,1),
D(2,1),...,D(10,5) und die Variablen N und K in fortlaufender
Reihenfolge.

A	D(1,1)	D(2,1)	D(3,1)	...	D(10,5)	N	K

Nun zur dritten Frage, welche Struktur der COMMON-Bereich besitzt.
Da die Variable A und die Matrix D als REAL*8 -Größen deklariert
wurden, umfassen die ersten 51 Speicherplätze des COMMON-Bereiches
je 8 Bytes, während die beiden letzten Speicherplätze als INTEGER-
Größen nur je 4 Bytes groß sind. Damit ist die Struktur des COMMON-
Bereiches festgelegt.

Durch den inneren Aufbau der Rechenanlage ist es bedingt, daß
der COMMON-Bereich mit Variablen in der folgenden Reihenfolge nach
Variablen-Typen aufzufüllen ist:

    1) REAL*8
    2) REAL*4, INTEGER oder LOGICAL
    3) INTEGER*2
    4) LOGICAL*1

Die Variablen mit den größten Speicherplätzen sind also an den
Beginn des COMMON-Bereiches zu stellen, die Variablen mit den
kleinsten Speicherplätzen sind zum Schluß anzuführen.

Sollen einzelne Variable eines Unterprogramms an dem gemeinsamen
Speicherbereich beteiligt werden, so hat man im Prinzip dieselben
Angaben wie oben zu machen: Wieder gibt man durch einen COMMON-
Befehl an, wie der erste Speicherplatz des COMMON-Bereiches im
Unterprogramm heißt, wie groß der Bereich ist und welche Struktur
er besitzt. So bewirkt beispielsweise die Befehlsfolge

```
SUBROUTINE N1(X)
REAL X,Z
REAL*8 X3,Y(50)
INTEGER P,Q
COMMON X3,Y,P,Q
     ⋮
```

(die gleichen Angaben wären auch in einem Funktionsunterprogramm möglich gewesen),

die Festlegung eines gleich großen und gleich strukturierten
COMMON-Bereiches:

Es werden   51 Speicherplätze von je 8 Bytes und
anschließend   2 Speicherplätze von je 4 Bytes
festgelegt.

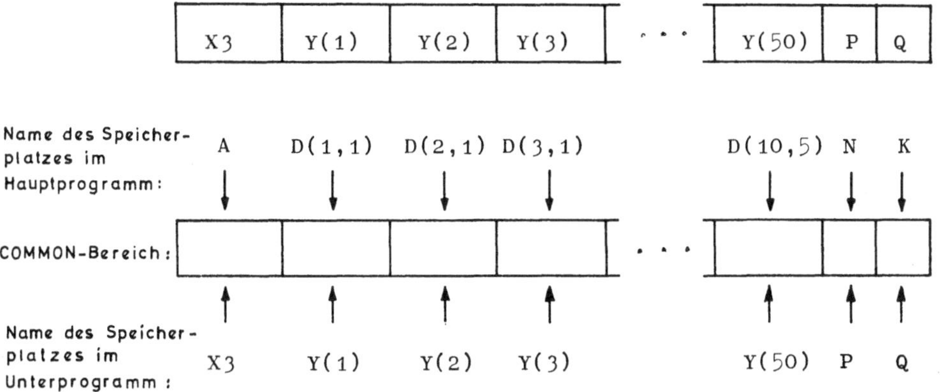

Dies hat zur Folge: Weist man den Variablen A,D(1,1),
D(2,1),...,D(10,5),N und K im Hauptprogramm Werte zu und ruft anschließend in einem CALL-Statement die Subroutine N1 auf, so wird
im Unterprogramm durch die

Variable	X3	über den Wert von A
durch	Y(1)	über den Wert von D(1,1)
durch	Y(2)	über den Wert von D(2,1)
durch	Y(50)	über den Wert von D(10,5)
durch	P	über den Wert von N
und durch	Q	über den Wert von K verfügt.

Wir haben also an das Unterprogramm eine Reihe von Parameterwerten
übergeben, und zwar in einer Weise, die über die Liste von formalen
und aktuellen Parametern nicht ohne weiteres möglich ist: Wir haben
aus der Matrix D des Hauptprogramms den Vektor Y des Unterprogramms
gemacht.

Da man im Unterprogramm auch den Variablen des COMMON-Bereiches
Werte zuweisen kann, ist der Informationsaustausch auch in der umgekehrten Richtung möglich. - Das Gleiche spielt sich übrigens ab,
wenn sich mehrere Unterprogramme an dem COMMON-Bereich beteiligen.

Formal ist es erlaubt, dem COMMON-Bereich vom Unterprogramm her eine andere Struktur zu geben als sie im Hauptprogramm angegeben wurde. So kann man zum Beispiel einen Speicherplatz des COMMON-Bereiches im Hauptprogramm als REAL*8 - Variable interpretieren und im Unterprogramm als zwei REAL*4- oder zwei INTEGER*4 - Speicherplätze ansehen. Beispielsweise ist erlaubt

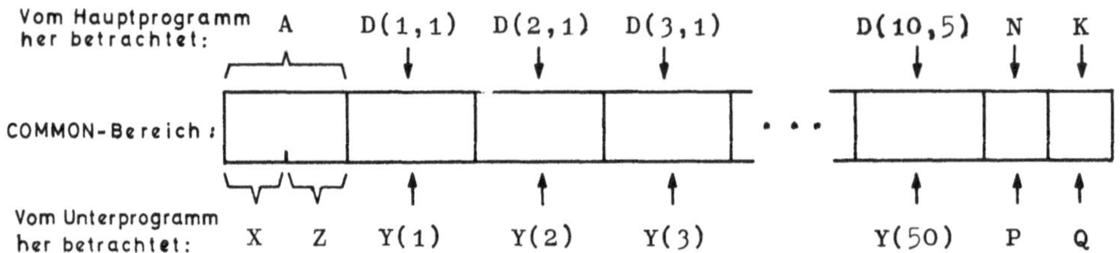

Da man bei dieser Technik sehr leicht Fehler macht, die von der Rechenanlage nicht als Fehler erkannt werden können und da es nur wenige Anwendungsbeispiele gibt, die eine unterschiedliche Interpretation der Struktur des COMMON-Bereiches im Haupt- und Unterprogramm erfordern, sollte man zumindest als Anfänger bei der Definition des COMMON-Bereiches im Haupt- und im Unterprogramm stets <u>dieselbe Größe</u> und <u>dieselbe Struktur</u> vorsehen.

Man hat die Möglichkeit, einem COMMON-Bereich einen Namen zu geben. Der Name des Bereiches wird im COMMON-Statement zwischen Schrägstrichen (Divisionszeichen) angegeben und faßt alle Speicherplätze zu einem COMMON-Block zusammen, die anschließend angegeben sind. So wird durch

        COMMON /B1/ A,B,C

ein COMMON-Block mit dem Namen B1 definiert, der aus den Variablen A,B und C besteht. Will man mehrere Speicherbereiche definieren und ihnen Namen geben, so gibt man den Namen eines nachfolgenden Blockes nach dem letzten Speicherplatzes des vorausgegangenen Blockes zwischen zwei Schrägstrichen an.

Beispiel: Durch den Befehl

```
COMMON /B1/A,B,C/B2/N,K/NAME/Y,Z
```

werden drei verschiedene COMMON-Blöcke mit den Namen B1, B2 und
NAME   definiert.
Zu B1 gehören die Speicherplätze A,B und C, zu B2 die Speicher-
plätze N und K und zu NAME   gehören Y und Z.

Will man in einem Unterprogramm nur auf einen COMMON-Block zurückgreifen, ohne die anderen Blöcke zu benutzen, so gibt man im
COMMON-Statement den Namen des betreffenden Blockes in der angegebenen Form an und führt anschließend die Variablen-Namen an, die
auf die einzelnen Speicherplätze des Blockes verweisen sollen. -
Wird in einem COMMON-Statement kein Name als Blockname vergeben,
so wird angenommen, daß alle angegebenen Variablen zu dem sogenannten "gewöhnlichen" COMMON-Bereich oder "Blank-COMMON-Bereich"
gehören sollen, d.h. zu einem COMMON-Bereich, der keinen besonderen
Namen besitzt.

Sollen einige Variable zum gewöhnlichen COMMON-Bereich gehören,
während andere zu einem benannten COMMON-Block gehören sollen, so
sind zuerst die Variablen des gewöhnlichen COMMON-Blockes anzugeben,
anschließend der Name des benannten COMMON-Blockes und dann die zu
diesem gehörenden Variablen.

Wie oben dargelegt, soll der COMMON-Bereich zum Informationsaustausch zwischen Haupt- und Unterprogrammen oder zwischen verschiedenen Unterprogrammen dienen. Es ist daher nicht sinnvoll,
den Variablen des COMMON-Bereiches einen Anfangswert zuzuordnen.
Daher ist auch die Initialisierung von Variablenwerten im gewöhnlichen COMMON-Bereich nicht vorgesehen. Bei COMMON-Blöcken, die
einen Namen tragen, ist die Initialisierung durch ein gesondertes
Unterprogramm möglich. Dies soll hier aber nicht dargelegt werden.

Aufgabe 15.1

In den Paragraphen 13 und 14 sind mehrere Aufgaben zur Unterprogrammtechnik gestellt. Bitte schreiben Sie die Programme
so um, daß die Parameter mit Hilfe des COMMON-Bereiches übergeben werden.

16 Abschließende Aufgaben

In diesem Paragraphen sind einige Aufgaben zusammengestellt, an deren Lösung Sie selbst prüfen können, ob Sie in der Sprache Fortran IV programmieren können. Absichtlich wurde auf komplizierte Aufgabenstellungen verzichtet.

Aufgabe 16.1

a) Welche Dualdarstellung haben die Dezimalzahlen 12 und 89?

b) Welchen Wert haben die Variablen R,S,X1,X2,X3,M und N nach Durchlaufen des folgenden Programmausschnittes?

```
REAL R,S,X1,X2,X3
INTEGER N,M
M=-10.2
N=10.2
S=N/(N+1)
R=M/(M+0.1)
X1=1.1+123456789-123456789
X2=123456789+1.1-123456789
X3=123456789-123456789+1.1
```

c) Bitte beschreiben Sie die Funktionsweise des arithmetischen IF-Statements.

Aufgabe 16.2

Bitte addieren Sie die ungeraden Zahlen zwischen 0 und 10 000 als Gleitkommazahlen mit einfacher Genauigkeit einmal in aufsteigender Reihenfolge und einmal in fallender Reihenfolge. Wodurch ist der Wertunterschied beider Summen zu erklären? Welche Folgerung ist hieraus zu ziehen?

Aufgabe 16.3

Bitte bestimmen Sie die Nullstelle
der Funktion

$$f(x) = \cos(x) - x.$$

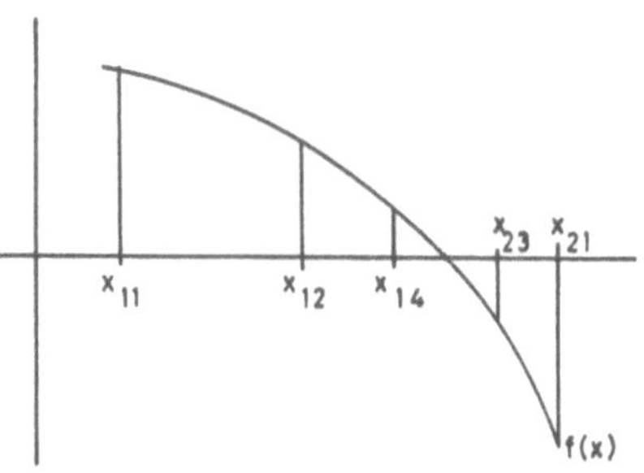

Als Verfahren verwenden Sie bitte
die sogenannte Intervallschachte-
lung: Besitzt eine (stetige) Funktion in den beiden Endpunkten eines
Intervalls verschiedenes Vorzeichen, so kann man die Nullstelle
der Funktion erhalten, indem man

das Intervall halbiert,
in dem Mittelpunkt die Funktion auswertet und
denjenigen Intervallendpunkt durch den Mittelpunkt
ersetzt, in dem die Funktion dasselbe Vorzeichen wie
im Mittelpunkt hat.

Durch wiederholte Halbierung des Intervalls erhält man die gesuchte Nullstelle (mit hinreichender Genauigkeit).

Aufgabe 16.4

Bitte schreiben Sie ein Sortierprogramm, das bis zu 100 Wörter,
die höchstens 4 Buchstaben besitzen, alphabetisch sortieren kann.

Aufgabe 16.5

Bitte schreiben Sie ein Programm, das Rechnungen über gelieferte
Ware erstellen kann. Gehen Sie dabei von folgender Situation aus:

Es sind 2 verschiedene Kartenarten gelocht. In der Kartenart 1,
die in der ersten Spalte die Ziffer 1 enthält, steht

in den Spalten 2 bis 25 der Name des Empfängers
in den Spalten 26 bis 40 der Wohnort
in den Spalten 41 bis 80 die Straße.

In der Kartenart 2, die in der ersten Spalte die Ziffer 2
enthält, steht

 in den Spalten 8 bis 11 die Anzahl
 in den Spalten 12 bis 31 die Bezeichnung der Ware
 in den Spalten 32 bis 36 der Einzelpreis (in Pfennigen).

Die Datenkarten liegen in folgender Reihenfolge:

1) Eine Karte der Art 1 mit der Anschrift des ersten
 Rechnungsempfängers,
2) anschließend eine bestimmte(aber unbekannte) Anzahl von
 Karten der Art 2 für den ersten Rechnungsempfänger.
3) Eine Karte der Art 1 mit der Anschrift des zweiten
 Rechnungsempfängers,
4) anschließend eine bestimmte Anzahl von Karten der Art 2
 für den zweiten Rechnungsempfänger.
 u.s.w.

Hinweis: Eine einmal gelesene Karte kann nicht noch einmal gelesen werden.

Lösungsteil

Zu Übung 1.1

$$1273_{Hex.} = 1 \cdot 16^3 + 2 \cdot 16^2 + 7 \cdot 16^1 + 3 \cdot 16^0$$
$$= ((1 \cdot 16 + 2) \cdot 16 + 7) \cdot 16 + 3 \qquad = 4723_{Dez.}$$

Zu Übung 1.2

Hexadezimale Zahl	A	B	C	D	E	F
Dezimaler Wert	10	11	12	13	14	15

Zu Übung 1.3

a) $1358 : 16 = 84$ Rest $14 = E_{Hex.}$ $\qquad 1358 = \qquad 84 \cdot 16 + 14$

$\qquad 84 : 16 = 5$ Rest 4 $\qquad\qquad 1358 = (5 \cdot 16 + 4) \cdot 16 + 14$

$\qquad 5 : 16 = 0$ Rest 5

Also ist $1358_{Dez.} = 54E_{Hex.} = 5 \cdot 16^2 + 4 \cdot 16^1 + E \cdot 16^0$

b) $B1E_{Hex.} = B \cdot 16^2 + 1 \cdot 16^1 + E \cdot 16^0 = (B \cdot 16 + 1) \cdot 16 + E$

$\qquad = (11 \cdot 16 + 1) \cdot 16 + 14 \qquad = 2846_{Dez.}$

Zu Übung 1.4

a) $37_{Dez.} = 100101_{Dual} = \underline{1} \cdot 2^5 + \underline{0} \cdot 2^4 + \underline{0} \cdot 2^3 + \underline{1} \cdot 2^2 + \underline{0} \cdot 2^1 + \underline{1} \cdot 2^0$

b) $1101_{Dual} = \underline{1} \cdot 2^3 + \underline{1} \cdot 2^2 + \underline{0} \cdot 2^1 + \underline{1} \cdot 2^0 = 13_{Dez.}$

Zu Übung 1.5

a)

Dezimal-Zahl	Hexadezimal-Zahl	Dual-Zahl
0	0	0
1	1	1
2	2	10
3	3	11
4	4	100
5	5	101
6	6	110
7	7	111
8	8	1000
9	9	1001
10	A	1010
11	B	1011
12	C	1100
13	D	1101
14	E	1110
15	F	1111

b)

$$1 \text{ Bit:} \qquad 1 \cdot 2^0 = 1 = 2^1 - 1$$

$$2 \text{ Bits:} \qquad 1 \cdot 2^1 + 1 \cdot 2^0 = 3 = 2^2 - 1$$

$$3 \text{ Bits:} \qquad 1 \cdot 2^2 + 1 \cdot 2^1 + 1 \cdot 2^0 = 7 = 2^3 - 1$$

$$4 \text{ Bits:} \qquad 1 \cdot 2^3 + 1 \cdot 2^2 + 1 \cdot 2^1 + 1 \cdot 2^0 = 15 = 2^4 - 1$$

$$n \text{ Bits:} \qquad \underline{\underline{2^n - 1}}$$

(Ein anderer Weg, um die Lösung für n Bits zu finden, führt
über die geometrische Reihe:

$$s_n = 1 \cdot \frac{2^n - 1}{2 - 1} = 2^n - 1)$$

Zu Übung 1.6

a) Liegen für die 3 Grundrechenarten Addition, Subtraktion und
Multiplikation ganze Zahlen vor, so wird bei der INTEGER-
Darstellung das Ergebnis exakt berechnet, sofern kein Zwischen-
oder Endergebnis den zulässigen Bereich überschreitet. Bei
INTEGER*2-Größen müssen diese betragsmäßig kleiner als
$2^{15} - 1 = 32.767$ sein, bei INTEGER*4-Größen kleiner als
$2^{31} - 1 \sim 2 \cdot 10^9$.

Beim Rechnen mit Gleitkommazahlen treten u.U. Rundungsfehler auf, die sich besonders bei längeren Rechnungen stark
aufschaukeln können. - Der zulässige Zahlenbereich ist
wesentlich größer, er reicht (betragsmäßig) von $\sim 10^{-78}$ bis
$\sim 10^{75}$.

b) Das Ergebnis einer Division zweier ganzer Zahlen braucht
nicht ganzzahlig zu sein. Es wird daher bei der Rechnung mit
INTEGER-Größen nach bestimmten Regeln auf eine ganze Zahl gerundet.

Zu Übung 3.2

a) H=2./(30+7.)=0.05405405

(Die Variable B ist vom Typ REAL und besitzt nach der Wertzuweisung den Wert 7 in der Gleitkommadarstellung unabhängig
davon, ob der Wert 7 als INTEGER-Konstante geschrieben ist
oder nicht.)

b) H=-10./3+(3-10.)*3=-24.33333

Da H eine INTEGER-Variable ist, wird dieser Wert gerundet,
so daß die Variable H den Wert -24 besitzt.

H=-24

```
//JOB     FKA01,19,NAME         < FUER FORTRAN IV - WATFOR - LAUF >
C    LOESUNG ZU AUFGABE 3.1                                  MIT  001
1         REAL M,A,B                                         MIT  010
2         A = 1.4                                            MIT  020
3         B = 2.                                             MIT  030
4         M = (A+B)/2.                                       MIT  040
5         WRITE (6,100) A,B,M                                MIT  050
6     100 FORMAT (1X,6E20.6)                                 MIT  060
7         STOP                                               MIT  070
8         END                                                MIT  080

    //DATA                      < FUER FORTRAN IV - WATFOR - LAUF >
    0.140000E 01        0.200000E 01        0.170000E 01

COMPILE TIME=      0.05 SEC,EXECUTION TIME=      0.01 SEC,OBJECT CODE=      328 BYTES,ARRAY ARE


//JOB     FKA01,19,NAME         < FUER FORTRAN IV - WATFOR - LAUF >
C    LOESUNG ZU AUFGABE 3.2
1         REAL A,B,C,D,MIT
2         A = 1.5
3         B = 1.6
4         C = 1.2
5         D = 1.7
6         MIT = (A+B+C+D)/4.
7         WRITE (6,100) A,B,C,D,MIT
8     100 FORMAT (1X,6E20.6)
9         STOP
10        END

    //DATA                      < FUER FORTRAN IV - WATFOR - LAUF >
    0.150000E 01        0.160000E 01        0.120000E 01        0.170000E 01        0.150000E 01

COMPILE TIME=      0.19 SEC,EXECUTION TIME=      0.00 SEC,OBJECT CODE=      424 BYTES,ARRAY AREA=
```

```
//JOB     FKA01,19,NAME              < FUER FORTRAN IV - WATFOR - LAUF >
      C    LOESUNG ZU AUFGABE 4.1, BERECHNUNG VON MITTELWERT, VARIANZ
      C                             UND STREUUNG
   1         REAL M,V,X,S
   2         INTEGER N
   3         N = 0
   4         M = 0.
   5         V = 0.
   6    1111 READ (5,101,END=30) X
   7     101 FORMAT (4E20.6)
   8         N = N+1
   9         M = M+X
  10         V = V+X*X
  11         GO TO 1111
  12      30 M = M/N
  13         V = V/N-M*M
  14         S = V**0.5
  15         WRITE (6,100) M,V,S
  16     100 FORMAT (1X,6E20.6)
  17         STOP
  18         END

      //DATA                          < FUER FORTRAN IV - WATFOR - LAUF >
      0.132857E 01        0.132204E 01        0.114980E 01

COMPILE TIME=      0.19 SEC,EXECUTION TIME=      0.03 SEC,OBJECT CODE=      632 BY
      //


//JOB     FKA01,19,NAME              < FUER FORTRAN IV - WATFOR - LAUF >
      C    LOESUNG ZU AUFGABE  4.2, BERECHNUNG DES KORRELATIONSKOEFFIZIENTEN
   1         REAL X,Y,MX,VX,MY,VY,VXY,R
   2         INTEGER N
   3         N = 0
   4         MX = 0.
   5         MY = 0.
   6         VX = 0.
   7         VY = 0.
   8         VXY = 0.
   9       1 READ (5,101,END=2) X,Y
  10     101 FORMAT (4E20.6)
  11         N = N+1
  12         MX = MX+X
  13         MY = MY+Y
  14         VX = VX+X*X
  15         VY = VY+Y*Y
  16         VXY = VXY+X*Y
  17         GO TO 1
  18       2 MX = MX/N
  19         MY = MY/N
  20         R = (VXY/N-MX*MY)/((VX/N-MX*MX)*(VY/N-MY*MY))**0.5
  21         WRITE (6,100) R
  22     100 FORMAT (1X,6E20.6)
  23         STOP
  24         END

      //DATA                          < FUER FORTRAN IV - WATFOR - LAUF >
      -0.386857E 00

COMPILE TIME=      0.45 SEC,EXECUTION TIME=      0.01 SEC,OBJECT CODE=      936 BY
      //
```

```
   //JOB    FKA01,19,NAME              < FUER FORTRAN IV - WATFOR - LAUF >
   C   LOESUNG ZU AUFGABE 5.1, BERECHNUNG VON POLYNOMWERTEN
1          REAL X,Y
2        1 READ (5,101,END=3) X
3      101 FORMAT (4E20.6)
4          Y = 2.*X**2+3.*X+1.
5          WRITE (6,100) X,Y
6      100 FORMAT (1X,6E20.6)
7          GO TO 1
8        3 STOP
9          END

   //DATA                            < FUER FORTRAN IV - WATFOR - LAUF >
  -0.100000E 01           0.000000E 00
  -0.900000E 00          -0.799999E-01
  -0.800000E 00          -0.120000E 00
  -0.700000E 00          -0.119999E 00
  -0.600000E 00          -0.799990E-01
  -0.500000E 00           0.000000E 00
  -0.400000E 00           0.120000E 00
  -0.300000E 00           0.280000E 00
  -0.200000E 00           0.480000E 00
  -0.100000E 00           0.720000E 00
   0.000000E 00           0.100000E 01
   0.100000E 00           0.132000E 01
   0.200000E 00           0.168000E 01
   0.300000E 00           0.208000E 01
   0.400000E 00           0.252000E 01
   0.500000E 00           0.300000E 01


   //JOB    FKA01,19,NAME              < FUER FORTRAN IV - WATFOR - LAUF >
   C   LOESUNG ZU AUFGABE 5.2, BERECHNUNG VON POLYNOMWERTEN
1          REAL X,Y
2          X = 0.5
3       22 Y = (2.*X+3.)*X+1.
4          WRITE (6,100) X,Y
5      100 FORMAT (1X,6E20.6)
6          X = X-0.1
7          IF (X .GE. -1.) GO TO 22
8          STOP
9          END

   //DATA                            < FUER FORTRAN IV - WATFOR - LAUF >
   0.500000E 00           0.300000E 01
   0.400000E 00           0.252000E 01
   0.300000E 00           0.208000E 01
   0.200000E 00           0.168000E 01
   0.999999E-01           0.132000E 01
  -0.119209E-06           0.100000E 01
  -0.100000E 00           0.720000E 00
  -0.200000E 00           0.480000E 00
  -0.300000E 00           0.280000E 00
  -0.400000E 00           0.120000E 00
  -0.500000E 00           0.000000E 00
  -0.600000E 00          -0.799999E-01
  -0.700000E 00          -0.120000E 00
  -0.800000E 00          -0.120000E 00
  -0.900000E 00          -0.799999E-01
  -0.100000E 01           0.000000E 00
```

```
//JOB     FKA01,19,NAME              < FUER FORTRAN IV - WATFOR - LAUF >
      C    LOESUNG ZU AUFGABE 5.3, SUCHEN VON MINIMUM UND MAXIMUM         EXTR 010
   1         REAL X,MIN,MAX                                               EXTR 020
   2         READ (5,1C1) X                                              EXTR 030
   3     101 FORMAT (4E20.6)                                              EXTR 040
   4         MIN = X                                                      EXTR 050
   5         MAX = X                                                      EXTR 060
   6      22 READ (5,101,END=30) X                                        EXTR 070
   7         IF (X.LT.MIN) MIN=X                                          EXTR 080
      C FALLS X KLEINER ALS MIN IST, WIRD MIN ERSETZT DURCH DEN WERT X    EXTR 090
   8         IF (X.GT.MAX) MAX=X                                          EXTR 100
      C  FALLS X GROESSER ALS MAX IST, WIRD MAX ERSETZT DURCH WERT X      EXTR 110
   9         GO TO 22                                                     EXTR 120
  10      30 WRITE (6,100) MIN,MAX                                        EXTR 130
  11     100 FORMAT (1X,6E20.6)                                           EXTR 140
  12         STOP                                                         EXTR 150
  13         END                                                         EXTR 160

    //DATA                            < FUER FORTRAN IV - WATFOR - LAUF >
   -0.123000E 03        0.123400E 04

COMPILE TIME=     0.15 SEC,EXECUTION TIME=     0.05 SEC,OBJECT CODE=     528 BYTES,ARRAY AREA=
     //                                                                       ENDKARTE
```

<u>Anmerkung zu Aufgabe 5.3:</u>

Die Formatangabe braucht nicht unmittelbar auf das zugehörige WRITE- oder READ-
Statement zu folgen. Über die im Ein- und Ausgabebefehl angegebene Format-
Nummer wird das zugehörige Format-Statement gefunden, gleichgültig, an welcher
Stelle im Programm es steht. Hierauf wird später noch eingegangen werden.

```
//JOB      FKA01,19,NAME              < FUER FORTRAN IV - WATFOR - LAUF >
       C   LOESUNG ZU AUFGABE 6.1, POLYNOMBERECHNUNG
   1           REAL X,Y,A(21)
   2           INTEGER I,N
   3           READ (5,102) N,X
   4       102 FORMAT (I10,3E20.6)
   5           I = 1
   6         1 READ (5,101) A(I)
   7       101 FORMAT (4E20.6)
   8           I = I+1
   9           IF (I .LE. N+1) GO TO 1
  10           Y = 0.
  11           I = N+1
  12        10 Y = Y*X+A(I)
  13           I = I-1
  14           IF (I .GE. 1) GO TO 10
  15           WRITE (6,100) X,Y
  16       100 FORMAT (1X,6E20.6)
  17           STOP
  18           END

       //DATA                         < FUER FORTRAN IV - WATFOR - LAUF >
        -0.600000E 01          -0.503000E 03

COMPILE TIME=       0.21 SEC,EXECUTION TIME=       0.05 SEC,OBJECT CODE=      688 BY
```

Eingegebene Werte:

$n = 3 \qquad x = -6.$

$a_1 = 1.$

$a_2 = 0.$

$a_3 = 4.$

$a_4 = 3.$

```
//JOB      FKA01,19,NAME              < FUER FORTRAN IV - WATFOR - LAUF >
       C   TEXT VON AUFGABE 6.2
   1           INTEGER*2 I,N
   2           REELL A(N),Y,X
***ERROR***     ST-5   INVALID REELLA
   3           N = 3
   4           I = 1
   5       100 READ (5,101) A(I)
***ERROR***     IO-8
   6           I = I+1
   7           IF (I .LE. N+1) GO TO 100
   8           I = N+1
   9           Y = 0.
  10         3 Y = Y*X+A(I)
  11           I = I-1
  12           IF I .GE. 1 GO TO 3.
***ERROR***     ST-5   INVALID IFI
  13           X = -5.
  14           WRITE (6.100) X,Y
***ERROR***     IO-F   UNEXPECTED . BEFORE
  15       100 FORMAT (1X,6E20,6
***ERROR***     ST-3   NAMELY     100
***ERROR***     ST-9   NAMELY     100 USED IN LINE
  16           STOP
  17           ENDE
***ERROR***     ST-5   INVALID ENDE
**WARNING**     EN-0
***ERROR***     ST-A       101 USED IN LINE

       //DATA                         < FUER FORTRAN IV - WATFOR - LAUF >
***ERROR***     SR-0   A

COMPILE TIME=       0.23 SEC,EXECUTION TIME=       0.00 SEC,OBJECT CODE=      568 BY
```

Fehlerangabe:

Befehl nicht erkennbar

Ungültiges Element in der Variablenliste (Folgefehler)

Befehl nicht erkennbar

100 Dezimalpunkt nicht erlaubt

Statement-Nr. 100 kommt mehrfach vor

Befehl nicht erkennbar

END fehlt

5 FORMAT 101 fehlt

Vektor A ist nicht deklariert

```
       //JOB    FKA01,19,NAME              < FUER FORTRAN IV - WATFOR - LAUF >
       C    TEXT VON AUFGABE 6.2, 1. VERBESSERUNG
    1           INTEGER*2 I,N
    2           REAL A(N),X,Y
***ERROR***     SV-4   INVALID A
***ERROR***     SV-5   INVALID N
    3           N = 3
    4           I = 1
    5      100 READ (5,101) A(I)
    6      101 FORMAT (4E20.6)
    7           I = I+1
    8           IF (I .LE. N+1) GO TO 100
    9           I = N+1
   10           Y = 0.
   11        3 Y = Y*X+A(I)
   12           I = I-1
   13           IF(I .GE. 1)GO TO 3.
***ERROR***     SX-0   UNEXPECTED . BEFORE END-OF-STATEMENT
   14           X = -5.
   15           WRITE (6,102) X,Y
   16      102 FORMAT (1X,6E20,6)
***ERROR***     FT-2   20,6)
   17           STOP
   18           END

       //DATA                              < FUER FORTRAN IV - WATFOR - LAUF >

COMPILE TIME=     0.37 SEC,EXECUTION TIME=      0.00 SEC,OBJECT CODE=     640 BY1
```

Fehlerangabe:
N ist als Grenze nicht erlaubt

Dezimalpunkt nicht erlaubt

Komma nicht erlaubt

```
       //JOB    FKA01,19,NAME              < FUER FORTRAN IV - WATFOR - LAUF >
       C    TEXT VON AUFGABE 6.2, 2. VERBESSERUNG
    1           REAL A(21),X,Y
    2           N = 3
    3           I = 1
    4      100 READ (5,101) A(I)
    5      101 FORMAT (4E20.6)
    6           I = I+1
    7           IF (I .LE. N+1) GO TO 100
    8           I = N+1
    9           Y = 0.
   10        3 Y = Y*X+A(I)
   11           I = I-1
   12           IF(I .GE. 1)GO TO 3
   13           X = -5.
   14           WRITE (6,102) X,Y
   15      102 FORMAT (1X,6E20.6)
   16           STOP
   17           END

       //DATA                              < FUER FORTRAN IV - WATFOR - LAUF >
***ERROR***     FM-0         Fehlerangabe: Ungültiges Zeichen im Eingabefeld

       PROGRAMME WAS EXECUTING LINE       4 IN ROUTINE M/PROG WHEN TERMINATICN OCCL

COMPILE TIME=     0.23 SEC,EXECUTION TIME=      0.00 SEC,OBJECT CODE=     648 BY1
```

```
     //JOB     FKA01,19,NAME                < FUER FORTRAN IV - WATFOR - LAUF >
     C    TEXT VON AUFGABE 6.2, 3. VERBESSERUNG
 1           REAL A(21),X,Y
 2           N = 3
 3           I = 1
 4     100 READ (5,101) A(I)
 5     101 FORMAT (4E20.6)
 6           I = I+1
 7           IF (I .LE. N+1) GO TO 100
 8           I = N+1
 9           Y = 0.
10       3 Y = Y*X+A(I)
11           I = I-1
12           IF(I .GE. 1)GO TO 3
13           X = -5.
14           WRITE (6,102) X,Y
15     102 FORMAT (1X,6E20.6)
16           STOP
17           END

     //DATA                                  < FUER FORTRAN IV - WATFOR - LAUF >
*ERROR***       UV-0   X       Fehlerangabe: Variable X besitzt keinen Wert

    PROGRAMME WAS EXECUTING LINE    10 IN ROUTINE M/PROG WHEN TERMINATION OCCURRED

MPILE TIME=      0.15 SEC,EXECUTION TIME=        0.01 SEC,OBJECT CODE=      648 BYTES,AI
```

```
     //JOB     FKA01,19,NAME                < FUER FORTRAN IV - WATFOR - LAUF >
     C    TEXT VON AUFGABE 6.2, 4. VERBESSERUNG
 1           REAL A(21),X,Y
 2           N = 3
 3           I = 1
 4     100 READ (5,101) A(I)
 5     101 FORMAT (4E20.6)
 6           I = I+1
 7           IF (I .LE. N+1) GO TO 100
 8           I = N+1
 9           X = -5.
10           Y = 0.
11       3 Y = Y*X+A(I)
12           I = I-1
13           IF(I .GE. 1)GO TO 3
14           WRITE (6,102) X,Y
15     102 FORMAT (1X,6E20.6)
16           STOP
17           END

     //DATA                                  < FUER FORTRAN IV - WATFOR - LAUF >
      -0.500000E 01        -0.900500E 03

  COMPILE TIME=      0.19 SEC,EXECUTION TIME=        0.03 SEC,OBJECT CODE=      648 BYT
```

Durch das (berichtigte) Programm wird das Polynom

$$y = 8,5x^3 + 7,1x^2 + 3,4x + 1,5$$

an der Stelle x=-5 berechnet.

```
//JOB     FKA01,19,NAME,LINES=72     < FUER FORTRAN IV - WATFOR - LAUF >
      C    LOESUNG ZU AUFGABE 6.3, BERECHNUNG EINER DETERMINANTE          DET 010
           REAL A(4,4),DET,AKI,AJI,H                                      DET 020
           INTEGER I,K,N,J                                                DET 030
           N = 4                                                          DET 040
           I = 1                                                          DET 050
      1111 READ (5,101) (A(I,K),K=1,N)                                    DET 060
       101 FORMAT (4E20.6)                                                DET 070
           I = I+1                                                        DET 080
           IF (I .LE. N) GO TO 1111                                       DET 090
      C    DIE MATRIX A IST DAMIT EINGELESEN                              DET 100
           I = 1                                                          DET 110
           DET = 1.                                                       DET 120
         1 K = I                                                          DET 130
           J = I+1                                                        DET 140
           IF (J .GT. N) GO TO 3                                          DET 150
         2 AKI = A(K,I)                                                   DET 160
           IF (AKI .LT. 0.) AKI = -AKI                                    DET 170
           AJI = A(J,I)                                                   DET 180
           IF (AJI .LT. 0.) AJI = -AJI                                    DET 190
           IF (AJI .GT. AKI) K = J                                        DET 200
           J = J+1                                                        DET 210
           IF (J .LE. N) GO TO 2                                          DET 220
      C    AUF K STEHT DER ZEILENINDEX, FUER DEN IN DER SPALTE I DER      DET 230
      C    BETRAGSMAESSIG GROESSTE WERT UNTERHALB DER DIAGONALEN IST      DET 240
      C    (EINSCHLIESSLICH DES DIAGONALELEMENTES),  'PIVOT-ELEMENT'      DET 250
         3 IF (I .GE. K) GO TO 5                                          DET 260
           J = I                                                          DET 270
         4 H = A(I,J)                                                     DET 280
           A(I,J) = A(K,J)                                                DET 290
           A(K,J) = H                                                     DET 300
           J = J+1                                                        DET 310
           IF (J .LE. N) GO TO 4                                          DET 320
           DET = -DET                                                     DET 330
      C    DIE ZEILE I WIRD MIT DER ZEILE K VERTAUSCHT, FALLS I .NE. K IST DET 340
      C    DIE MATRIX-ELEMENTE UNTERHALB DER DIAGONALEN KOENNEN           DET 350
      C    UNBERUECKSICHTIGT BLEIBEN; DAHER J=I UND NICHT J=1             DET 360
```

eingelesene Matrix:

$$\begin{pmatrix} 1 & 0 & 0 & 0 \\ 0 & 1 & 0 & 0 \\ 0 & 0 & 1 & 0 \\ 1 & 2 & 3 & 4 \end{pmatrix}$$

```
29        5 H = A(I,I)                                                    DET  370
30          IF (H .LT. 0.) H = -H                                         DET  380
31          IF (H .GT. 1.E-5) GO TO 6                                     DET  390
32          DET = 0.                                                      DET  400
   C   FALLS EIN DIAGONALELEMENT A(I,I) BETRAGSMAESSIG KLEINER ODER       DET  410
   C   GLEICH 1.E-5 IST, WIRD DIE DETERMINANTE VON A GLEICH NULL GESETZT   DET  420
33          WRITE (6,100) DET                                             DET  430
34      100 FORMAT (1X,6E20.6)                                            DET  440
35          GO TO 11                                                      DET  450
36        6 J = I+1                                                       DET  460
37          IF (J .GT. N) GO TO 9                                         DET  470
38        7 K = I+1                                                       DET  480
39        8 A(J,K) = A(J,K)-A(I,K)/A(I,I)*A(J,I)                          DET  490
40          K = K+1                                                       DET  500
41          IF (K .LE. N) GO TO 8                                         DET  510
42          J = J+1                                                       DET  520
43          IF (J .LE. N) GO TO 7                                         DET  530
   C   DIE SPALTE I WIRD UNTERHALB DER DIAGONALEN ZU NULL GEMACHT. DA     DET  540
   C   AUF DIE ELEMENTE UNTERHALB DER DIAGONALEN NICHT MEHR ZURUECK-      DET  550
   C   GEGRIFFEN WIRD, KANN JETZT K = I+1 (HIER SPALTENINDEX) GESETZT     DET  560
   C   WERDEN.                                                            DET  570
44          I = I+1                                                       DET  580
45          IF (I .LE. N) GO TO 1                                         DET  590
46        9 I = 1                                                         DET  600
47       10 DET = DET*A(I,I)                                              DET  610
48          I = I+1                                                       DET  620
49          IF (I .LE. N) GO TO 10                                        DET  630
50          WRITE (6,100) DET                                             DET  640
51       11 STOP                                                          DET  650
52          END                                                          DET  660

     //DATA                          < FUER FORTRAN IV - WATFOR - LAUF >
     0.400000E 01

COMPILE TIME=      0.79 SEC,EXECUTION TIME=      0.05 SEC,OBJECT CODE=      2040 BYTES,ARRAY AF
```

```
     //JOB      FKA01,19,NAME            < FUER FORTRAN IV - WATFOR - LAUF >
     C    LOESUNG ZU AUFGABE 7.1, POLYNOMBERECHNUNG
 1           REAL A(4),X,XANF,XEND,DX,Y
 2           INTEGER K,N
 3           READ (5,102) N,XANF,XEND,DX
 4       102 FORMAT (I10,3E20.6)
 5           N = N+1
 6           K = 1
 7         1 READ (5,101) A(K)
 8       101 FORMAT (4E20.6)
 9           K = K+1
10           IF (K .LE. N) GO TO 1
11           X = XANF
12         2 Y = 0.
13           DO 3 K=1,N
14           Y = Y*X+A(N-K+1)
15         3 CONTINUE
16           WRITE (6,100) X,Y
17       100 FORMAT (1X,6E20.6)
18           X = X+DX
19           IF (X .LE. XEND) GO TO 2
20           STOP
21           END
```

```
     //DATA                                < FUER FORTRAN IV - WATFOR - LAUF >
    -0.100000E 01          -0.126000E 01
    -C.900000E 00          -0.883998E 00
    -C.800000E 00          -0.575999E 00
    -0.700000E 00          -0.330000E 00
    -0.600000E 00          -0.140000E 00
    -0.500000E 00           0.238419E-06
    -0.400000E 00           C.960003E-01
    -0.300000E 00           0.154000E 00
    -0.200000E 00           0.180000E 00
    -0.999998E-01           0.180000E 00
     0.238419E-06           0.160000E 00
     0.100000E 00           0.126000E 00
     0.200000E 00           0.839999E-01
     0.300000E 00           0.400000E-01
     0.400000E 00          -0.596046E-07
     0.500000E 00          -0.300000E-01
     0.600000E 00          -0.439999E-01
     0.700000E 00          -0.359998E-01
     C.800000E 00           0.238419E-06
     0.900000E 00           0.700005E-01
     0.100000E 01           0.180000E 00
```

```
COMPILE TIME=      0.31 SEC,EXECUTION TIME=       0.15 SEC,OBJECT CODE=      856 BY
```

<u>Zu Übung 8.1</u>

1) Solange man nicht abschätzen kann, in welcher Größenordnung die auszugebenden Zahlen liegen, empfiehlt sich die Ausgabe in normierter Form (also E-Formatcode).

2) In Paragraph 1 wurde gezeigt, daß in der Rechenanlage Gleitkommazahlen mit einfacher Genauigkeit 6 Hexadezimalziffern zur Verschlüsselung des "Bruches" besitzen, was etwa 7 Dezimalziffern entspricht. Nach einer längeren Rechnung ist die letzte Ziffer mit sehr großer Wahrscheinlichkeit durch Rundungsfehler verfälscht. Wählt man im Formatcode die Anzahl der Ziffern $d=7,8$ oder größer, so erhält man dadurch keine genaueren Werte (auch wenn es durch eine größere Anzahl ausgedruckter Ziffern vorgetäuscht wird). Die Wahl von $d=6$ trägt dem in gewisser Weise Rechnung, obwohl sich der Rundungsfehler noch weit stärker als nur in der letzten Ziffer bemerkbar machen kann.

3) Die Feldweite w hätte man kleiner als 20 wählen können. Jedoch wäre dadurch die Anzahl a der ausgegebenen Zahlen nicht wesentlich erhöht worden. So hat man zwischen den Zahlen noch etwas Platz für Bemerkungen.

```
//JOB     FKA01,19,NAME                    < FUER FORTRAN IV - WATFOR - LAUF >
      C    LOESUNG ZU AUFGABE 8.1, VIERFELDEFKORRELATION                        VIER 010
      1         INTEGER*2 A,B,C,D,AB,CD,AC,BD,ABCD                              VIER 020
      2         A = 28                                                         VIER 030
      3         B = 61                                                         VIER 040
      4         C = 19                                                         VIER 050
      5         D = 72                                                         VIER 060
      6         AB = A+B                                                       VIER 070
      7         CD = C+D                                                       VIER 080
      8         AC = A+C                                                       VIER 090
      9         BD = B+D                                                       VIER 100
     10         ABCD = AB+CD                                                   VIER 110
     11         WRITE (6,100)                                                  VIER 120
     12     100 FORMAT (////T25,'I  +    -   I'/T23,'--+',9('-'),'+----')      VIER 130
     13         WRITE (6,101) A,B,AB                                           VIER 140
     14     101 FORMAT (T23,'+ I',2I4,' I',I4/T25,'I',9X,'I')                  VIER 150
     15         WRITE (6,102) C,D,CD                                           VIER 160
     16     102 FORMAT (T23,'- I',2I4,' I',I4/T23,'--+',9('-'),'+----')        VIER 170
     17         WRITE (6,103) AC,BD,ABCD                                       VIER 180
     18     103 FORMAT (T25,'I',2I4,' I',I4)                                   VIER 190
     19         STOP                                                           VIER 200
     20         END                                                           VIER 210

      //DATA                                < FUER FORTRAN IV - WATFOR - LAUF >


          I  +    -   I
         --+---------+----
         + I   28   61 I   89
           I            I
         - I   19   72 I   91
         --+---------+----
           I   47  133 I  180

COMPILE TIME=       0.11 SEC,EXECUTION TIME=       0.05 SEC,OBJECT CODE=       920 BYTES,ARRAY AR
```

```
     //JOB       FKA01,19,NAME              < FUER FORTRAN IV - WATFOR - LAUF >
     C    LOESUNG ZU AUFGABE 8.2, AUSZAEHLEN DER VIERFELDERKORRELATION
   1         INTEGER*2 A,B,C,D,AB,CD,AC,BD,ABCD,X,Y
   2         REAL PHI
   3         A = 0
   4         B = 0
   5         C = 0
   6         D = 0
   7    1111 READ (5,105,END=22) X,Y
   8     105 FORMAT (T7,I1,T20,I1)
   9         IF (X .EQ. 1 .AND. Y .EQ. 1) A = A+1
  10         IF (X .EQ. 1 .AND. Y .EQ. 0) B = B+1
  11         IF (X .EQ. 2 .AND. Y .EQ. 1) C = C+1
  12         IF (X .EQ. 2 .AND. Y .EQ. 0) D = D+1
  13         GO TO 1111
  14      22 AB = A+B
  15         CD = C+D
  16         AC = A+C
  17         BD = B+D
  18         ABCD = AB+CD
  19         PHI = (A*D-B*C)/(1.*AB*CD*AC*BD)**0.5
  20         WRITE (6,100)
  21     100 FORMAT (////T25,'I  +    -  I'/T23,'--+',9('-'),'+----')
  22         WRITE (6,101) A,B,AB
  23     101 FORMAT (T23,'+ I',2I4,' I',I4/T25,'I',9X,'I')
  24         WRITE (6,102) C,D,CD
  25     102 FORMAT (T23,'- I',2I4,' I',I4/T23,'--+',9('-'),'+----')
  26         WRITE (6,103) AC,BD,ABCD
  27     103 FORMAT (T25,'I',2I4,' I',I4)
  28     106 FORMAT (///T23,'PHI =',F7.3)
  29         WRITE (6,106) PHI
  30         STOP
  31         END

     //DATA                                 < FUER FORTRAN IV - WATFOR - LAUF >



              I  +   -  I
             --+---------+----
             + I   2   3 I   5
              I           I
             - I   3   2 I   5
             --+---------+----
              I   5   5 I  10



         PHI = -0.200

COMPILE TIME=      0.35 SEC,EXECUTION TIME=      0.17 SEC,OBJECT CODE=    1624 BY
          //
```

<u>Zu Aufgabe 8.2</u>

Hinweis zu dem Befehl

$$PHI=(A*D-B*C)/(1.*AB*CD*AC*BD)**0.5$$

Die Angabe der REAL-Konstanten 1. in dem Ausdruck hat zwei
Gründe:

1) Da die Hochzahl (0.5) nicht ganzzahlig ist, wird die Berechnung der Potenz über die Logarithmenfunktion vorgenommen. Für die Logarithmenfunktion sind nur Argumente vom
Typ REAL erlaubt. Durch die Multiplikation mit der Konstanten
1. wird der arithmetische Ausdruck vom Typ INTEGER*2

$$AB*CD*AC*BD$$

in einen arithmetischen Ausdruck vom Typ REAL umgewandelt.

2) Die Umwandlung wäre durch

$$0.+AB*CD*AC*BD$$

möglich gewesen. Aber das Produkt

$$(a+b) \cdot (c+d) \cdot (a+c) \cdot (b+d)$$

kann leicht den für INTEGER*2-Variable vorgesehenen
Bereich überschreiten. (Vgl. Aufgabe 9.2)
Da in dem Produkt

$$1.*AB*CD*AC*BD$$

während der Auswertung die beiden ersten Faktoren zu einem
Zwischenergebnis vom Typ REAL zusammengefaßt werden und anschließend dieses mit CD multipliziert wird, u.s.w., kann
die Bereichsüberschreitung nicht vorkommen.

```
//JOB      FKA01,19,NAME              < FUER FORTRAN IV - WATFOR - LAUF >
      C    LOESUNG ZU AUFGABE 8.3, MATRIZENMULTIPLIKATION
   1          REAL A(30,30),B(30,30),C(30,30),S
   2          INTEGER*2 I,J,K,L,M,N
   3          READ (5,100) N,M,L
   4      100 FORMAT (3I5)
   5          WRITE (6,104) N,M,L
   6      104 FORMAT (//' N =',I2,' M =',I2,' L =',I2)
      C                 MATRIX  A  HAT  N  ZEILEN UND  M  SPALTEN
      C                 MATRIX  B  HAT  M  ZEILEN UND  L  SPALTEN
   7          DO 1 I=1,N
   8          READ (5,101) (A(I,K),K=1,M)
   9          WRITE (6,102) (A(I,K),K=1,M)
  10        1 CONTINUE
  11          DO 2 K=1,M
  12          READ (5,101) (B(K,J),J=1,L)
  13          WRITE (6,102) (B(K,J),J=1,L)
  14      101 FORMAT (8F10.3)
  15      102 FORMAT (5X,8F15.3)
  16        2 CONTINUE
  17          DO 5 I=1,N
  18          DO 4 J=1,L
  19          S = 0.
  20          DO 3 K=1,M
  21          S = S+A(I,K)*B(K,J)
  22        3 CONTINUE
  23          C(I,J) = S
  24        4 CONTINUE
  25        5 CONTINUE
  26          WRITE (6,103) N,L
  27      103 FORMAT (///' MATRIX C HAT ',I3,' ZEILEN UND ',I3,' SPALTEN'/)
  28          DO 6 I=1,N
  29          WRITE (6,102) (C(I,J),J=1,L)
  30        6 CONTINUE
  31          STOP
  32          END

      //DATA                           < FUER FORTRAN IV - WATFOR - LAUF >


 N = 3 M = 4 L = 2
             1.000          1.000        0.000          1.000
             1.000          2.000        0.000          2.000
             0.000          0.000        1.000          3.000
             1.000          3.000
             2.000          4.000
             4.000          0.000
             0.000          0.000




 MATRIX C HAT  3 ZEILEN UND  2 SPALTEN

             3.000          7.000
             5.000         11.000
             4.000          0.000

 COMPILE TIME=      0.39 SEC,EXECUTION TIME=       0.15 SEC,OBJECT CODE=    1680 BY
```

```
//JOB      FKA01,19,NAME,LINES=72      < FUER FORTRAN IV - WATFOR - LAUF >
     C    LOESUNG ZU AUFGABE 9.1, INTERNE VERSCHLUESSELUNG DER ZEICHEN
  1         INTEGER*2 Z1(64),K
  2         INTEGER Z2(64)
  3         REAL Z3(64)
  4         READ (5,100) (Z1(K),K=1,64),(Z2(K),K=1,64),(Z3(K),K=1,64)
  5   100 FORMAT (64A1,T1,64A1,T1,64A1)
  6         WRITE (6,101) (Z1(K),Z1(K),Z1(K),Z2(K),Z2(K),Z3(K),Z3(K),K=1,64)
  7   101 FORMAT (3X,A1,4X,Z4,I9,4X,Z8,I13,4X,Z8,E17.7)
  8         STOP
  9         END
```

```
     //DATA                              < FUER FORTRAN IV - WATFOR - LAUF >
```

	Z1		Z2		Z3	
ε	5040	20544	50404040	1346388032	50404040	0.4629771E 19
-	6040	24640	60404040	1614823488	60404040	0.8540420E 38
0	F040	-4032	F0404040	-264224704	F0404040	-0.1575429E 58
1	F140	-3776	F1404040	-247447488	F1404040	-0.2520687E 59
2	F240	-3520	F2404040	-230670272	F2404040	-0.4033099E 60
3	F34C	-3264	F3404040	-213893056	F3404040	-0.6452959E 61
4	F440	-3008	F4404040	-197115840	F440404C	-0.1032473E 63
5	F540	-2752	F5404040	-180338624	F5404040	-0.1651957E 64
6	F640	-2496	F6404040	-163561408	F6404040	-0.2643132E 65
7	F740	-2240	F7404040	-146784192	F7404040	-0.4229011E 66
8	F840	-1984	F8404040	-130006976	F8404040	-0.6766418E 67
9	F940	-1728	F9404040	-113229760	F9404040	-0.1082627E 69
A	C140	-16064	C1404040	-1052753856	C1404040	-0.4015686E 01
B	C240	-15808	C2404040	-1035976640	C2404040	-0.6425098E 02
C	C340	-15552	C3404040	-1019199424	C3404040	-0.1028016E 04
D	C440	-15296	C4404040	-1002422208	C4404040	-0.1644825E 05
E	C540	-15040	C5404040	-985644992	C5404040	-0.2631720E 06
F	C640	-14784	C6404040	-968867776	C6404040	-0.4210752E 07
G	C740	-14528	C7404040	-952090560	C7404040	-0.6737203E 08
H	C840	-14272	C8404040	-935313344	C8404040	-0.1077953E 10
I	C940	-14016	C9404040	-918536128	C9404040	-0.1724724E 11
J	D140	-11968	D1404040	-784318400	D1404040	-0.7407633E 20
K	D240	-11712	D2404040	-767541184	D2404040	-0.1185221E 22
L	D340	-11456	D3404040	-750763968	D3404040	-0.1896354E 23
M	D440	-11200	D4404040	-733986752	D4404040	-0.3034167E 24
N	D540	-10944	D5404040	-717209536	D5404040	-0.4854667E 25
O	D640	-10688	D6404040	-700432320	D6404040	-0.7767466E 26
P	D740	-10432	D7404040	-683655104	D7404040	-0.1242795E 28
Q	D84C	-10176	D8404040	-666877888	D8404040	-0.1988471E 29
R	D940	-9920	D9404040	-650100672	D9404040	-0.3181554E 30
/	6140	24896	61404040	1631600704	61404040	0.1366467E 40
S	E240	-7616	E2404040	-499105728	E2404040	-0.2186347E 41
T	E340	-7360	E3404040	-482328512	E3404040	-0.3498156E 42
U	E44C	-7104	E4404040	-465551296	E4404040	-0.5597049E 43
V	E540	-6848	E5404040	-448774080	E5404040	-0.8955279E 44
W	E640	-6592	E6404040	-431996864	E6404040	-0.1432845E 46
X	E740	-6336	E7404040	-415219648	E7404040	-0.2292551E 47
Y	E840	-6080	E8404040	-398442432	E8404040	-0.3668082E 48
Z	E940	-5824	E9404040	-381665216	E9404040	-0.5868932E 49
	4040	16448	40404040	1077952576	40404040	0.2509804E 00
:	7A40	31296	7A404040	2051031104	7A404040	0.1732203E 70
#	7B40	31552	7B404040	2067808320	7B404040	0.2771525E 71
a	7C40	31808	7C404040	2084585536	7C404040	0.4434439E 72
'	7D40	32064	7D404040	2101362752	7D4C4040	0.7095103E 73
=	7E40	32320	7E404040	2118139968	7E404040	0.1135216E 75
"	7F40	32576	7F404040	2134917184	7F404040	0.1816346E 76
		[illegible]3008	4A404040	1245724736	4A404040	0.2759558E 12
			[illegible]040	1262501952	4B404040	0.4415293E 13
					4C404040	0.7064470E 14
						[illegible]1130315E 16

```
      //JOB      FKA01,19,NAME            < FUER FORTRAN IV - WATFOR - LAUF >
      C    LOESUNG ZU UEBUNG 9.1, INTERNE VERSCHLUESSELUNG VON 0.001273
    1          REAL X
    2          X = 0.001273
    3          WRITE (6,100) X,X
    4     100 FORMAT (1X,F10.7,3X,Z8)
    5          STOP
    6          END

      //DATA                             < FUER FORTRAN IV - WATFOR - LAUF >
  0.0012730   3E536D65

COMPILE TIME=      0.05 SEC,EXECUTION TIME=      0.00 SEC,OBJECT CODE=     256 BY
```

```
      //JOB      FKA01,19,NAME            < FUER FORTRAN IV - WATFOR - LAUF >
      C    LOESUNG ZU AUFGABE 9.2 TEIL A, UEBERLAUF VON INTEGER-VARIABLEN
    1          INTEGER*2 N,X,Y
    2          N = 0
    3          X = 1
    4          Y = 1
    5      11 WRITE (6,101) N,X,X,Y,Y
    6     101 FORMAT (1X,I3,3X,I8,Z6,3X,I8,Z6)
    7          N = N+1
    8          IF (N .GT. 18) GO TO 22
    9          X = X*2
   10          Y = Y*3
   11          GO TO 11
   12      22 STOP
   13          END

      //DATA                             < FUER FORTRAN IV - WATFOR - LAUF >
   0        1  0001         1  0001
   1        2  0002         3  0003
   2        4  0004         9  0009
   3        8  0008        27  001B
   4       16  0010        81  0051
   5       32  0020       243  00F3
   6       64  0040       729  02D9
   7      128  0080      2187  088B
   8      256  0100      6561  19A1
   9      512  0200     19683  4CE3
  10     1024  0400     -6487  E6A9
  11     2048  0800    -19461  B3FB
  12     4096  1000      7153  1BF1
  13     8192  2000     21459  53D3
  14    16384  4000     -1159  FB79
  15   -32768  8000     -3477  F26B
  16        0  0000    -10431  D741
  17        0  0000    -31293  85C3
  18        0  0000    -28343  9149

COMPILE TIME=      0.23 SEC,EXECUTION TIME=      0.17 SEC,OBJECT CODE=     488 BY
```

```
      //JOB     FKA01,19,NAME              < FUER FORTRAN IV - WATFOR - LAUF >
      C    LOESUNG ZU AUFGABE 9.2 TEIL B, UEBERLAUF VCN INTEGER-VARIABLEN
  1           INTEGER N,FAK
  2           N = 0
  3           FAK = 1
  4        11 WRITE (6,100) N,FAK,FAK
  5       100 FORMAT (1X,I3,2X,I12,3X,Z10)
  6           N = N+1
  7           IF (N-20) 1,1,22
  8         1 FAK = FAK*N
  9           GO TO 11
 10        22 STOP
 11           END
```

```
      //CATA                              < FUER FORTRAN IV - WATFOR - LAUF >
  0            1       00C00001
  1            1       00000001
  2            2       00000002
  3            6       00000006
  4           24       00000018
  5          120       00000078
  6          720       000002D0
  7         5040       000013B0
  8        40320       00009D80
  9       362880       00058980
 10      3628800       00375F00
 11     39916800       02611500
 12    479001600       1C8CFC00
 13   1932053504       7328CC00
 14   1278945280       4C3B2800
 15   2004310016       77775800
 16   2004189184       77758000
 17   -288522240       EECD8000
 18   -898433024       CA730000
 19    109641728       06890000
 20  -2102132736       82B40000
```

} *falsch*

```
COMPILE TIME=      0.11 SEC,EXECUTION TIME=      0.09 SEC,OBJECT CODE=      432 BY
```

<u>Anmerkung zu Aufgabe 9.2.</u> (Teil B)

Offensichtlich sind die Ergebnisse von Aufgabe 9.2b für $n \geq 13$
falsch.

Der Wert von 13! ist größer als die größte darstellbare Zahl.
Eine Fehlermeldung der Art "zulässiger Zahlenbereich ist überschritten", wie sie bei der Gleitkommarechnung gegeben wird,
wird nicht mitgeteilt. Man muß also bei der Rechnung mit INTEGER-
Zahlen sicher sein, daß alle Zwischenergebnisse und das Endergebnis im zulässigen Zahlenbereich liegen.

```
     //JOB      FKA01,19,NAME,LINES=72     < FUER FORTRAN IV - WATFOR - LAUF >
     C    BEISPIEL 10.1, UEBUNG 10.1, ZEICHNEN EINER KURVE
   1         FEAL VKT(200),X,Y,YMAX,YMIN,FAKTOR,XQ
   2         INTEGER   I,K,IMAX,INDEX,ZEIL(100)/100*' '/,STERN/'*'/,BLANK/' '/
   3         X = -1.
   4         I = 1
   5       1 XQ = X*X
   6         VKT(I) =(4.*XQ-5.)*XQ+1.
   7         X = X+0.02
   8         I = I+1
   9         IF (X .LT. 1.01) GO TO 1
  10         IMAX = I-1
  11         YMAX = VKT(1)
  12         YMIN = YMAX
  13         DO 2 I=2,IMAX
  14         Y = VKT(I)
  15         IF (YMAX .LT. Y) YMAX = Y
  16         IF (YMIN .GT. Y) YMIN = Y
  17       2 CONTINUE
  18         X = -1.
  19         FAKTOR = 99./(YMAX-YMIN)
  20         DO 3 I=1,IMAX
  21         INDEX = 1.5+FAKTOR*(VKT(I)-YMIN)
  22         ZEIL(INDEX) = STERN
  23         WRITE (6,101) X,VKT(I),(ZEIL(K),K=1,INDEX)
  24     101 FORMAT (1X,'X =',F6.2,3X,' Y =',F8.3,T31,100A1)
  25         X = X+0.02
  26         ZEIL(INDEX) = BLANK
  27       3 CONTINUE
  28         STOP
  29         END
```

```
         //DATA                              < FUER FORTRAN IV - WATFOR - LAUF >
X = -1.00     Y =     0.000
X = -0.98     Y =    -0.113
X = -0.96     Y =    -0.211
X = -0.94     Y =    -0.295
X = -0.92     Y =    -0.366
X = -0.90     Y =    -0.426
X = -0.88     Y =    -0.473
X = -0.86     Y =    -0.510
X = -0.84     Y =    -0.537
X = -0.82     Y =    -0.554
X = -0.80     Y =    -0.562
X = -0.78     Y =    -0.561
X = -0.76     Y =    -0.554
X = -0.74     Y =    -0.539
X = -0.72     Y =    -0.517
X = -0.70     Y =    -0.490
X = -0.68     Y =    -0.457
X = -0.66     Y =    -0.419
X = -0.64     Y =    -0.377
X = -0.62     Y =    -0.331
X = -0.60     Y =    -0.282
X = -0.58     Y =    -0.229
X = -0.56     Y =    -0.175
X = -0.54     Y =    -0.118
X = -0.52     Y =    -0.060
X = -0.50     Y =     0.000
X = -0.48     Y =     0.060
X = -0.46     Y =     0.121
X = -0.44     Y =     0.182
```

```
//JOB     FKA01,19,NAME                 < FUER FORTRAN IV - WATFOR - LAUF >
      C    LOESUNG ZU AUFGABE 10.1, AUSGABE EINES KREISES                    KREIS010
   1         REAL X,Y,DX                                                      KREIS020
   2         INTEGER   INDEX1,INDEX2,ZEIL(81)/81*' '/,I,STERN/'*'/,BLANK/' '/ KREIS030
   3         DX = 1./24.                                                      KREIS040
      C  EINEM DURCHMESSER DES KREISES VON CA 20 CM ENTSPRECHEN ETWA          KREIS050
      C                   2*24 DRUCKZEILEN (= X-RICHTUNG)    UND              KREIS060
      C                   2*40 DRUCKPOSITIONEN  (= Y-RICHTUNG)                KREIS070
   4         X = -1.                                                          KREIS080
   5         Y = 0.                                                           KREIS090
   6         WRITE (6,100) X,Y,STERN                                          KREIS100
   7     100 FORMAT ('1X =',F6.2,' Y =',F15.6,T71,A1)                         KREIS110
   8       1 X = X+DX                                                         KREIS120
   9         Y = (1.-X*X)**0.5                                                KREIS130
  10         INDEX2 = 0.5+Y*40.                                               KREIS140
  11         INDEX1 = 41-INDEX2                                               KREIS150
  12         INDEX2 = 41+INDEX2                                               KREIS160
  13         ZEIL(INDEX1) = STERN                                             KREIS170
  14         ZEIL(INDEX2) = STERN                                             KREIS180
  15         WRITE (6,101) X,Y,(ZEIL(I),I=1,INDEX2)                           KREIS190
  16     101 FORMAT (1X,'X =',F6.2,3X,' Y =',F8.3,T31,81A1)                   KREIS200
  17         ZEIL(INDEX1) = BLANK                                             KREIS210
  18         ZEIL(INDEX2) = BLANK                                             KREIS220
  19         IF (X .LT. 1.-1.5*DX) GO TO 1                                    KREIS230
  20         Y = 0.                                                           KREIS240
  21         WRITE (6,102) X,Y,STERN                                          KREIS250
  22     102 FORMAT (1X,'X =',F6.2,3X,' Y =',F8.3,T71,A1)                     KREIS260
  23         STOP                                                             KREIS270
  24         END                                                             KREIS280

//DATA                               < FUER FORTRAN IV - WATFOR - LAUF >
```

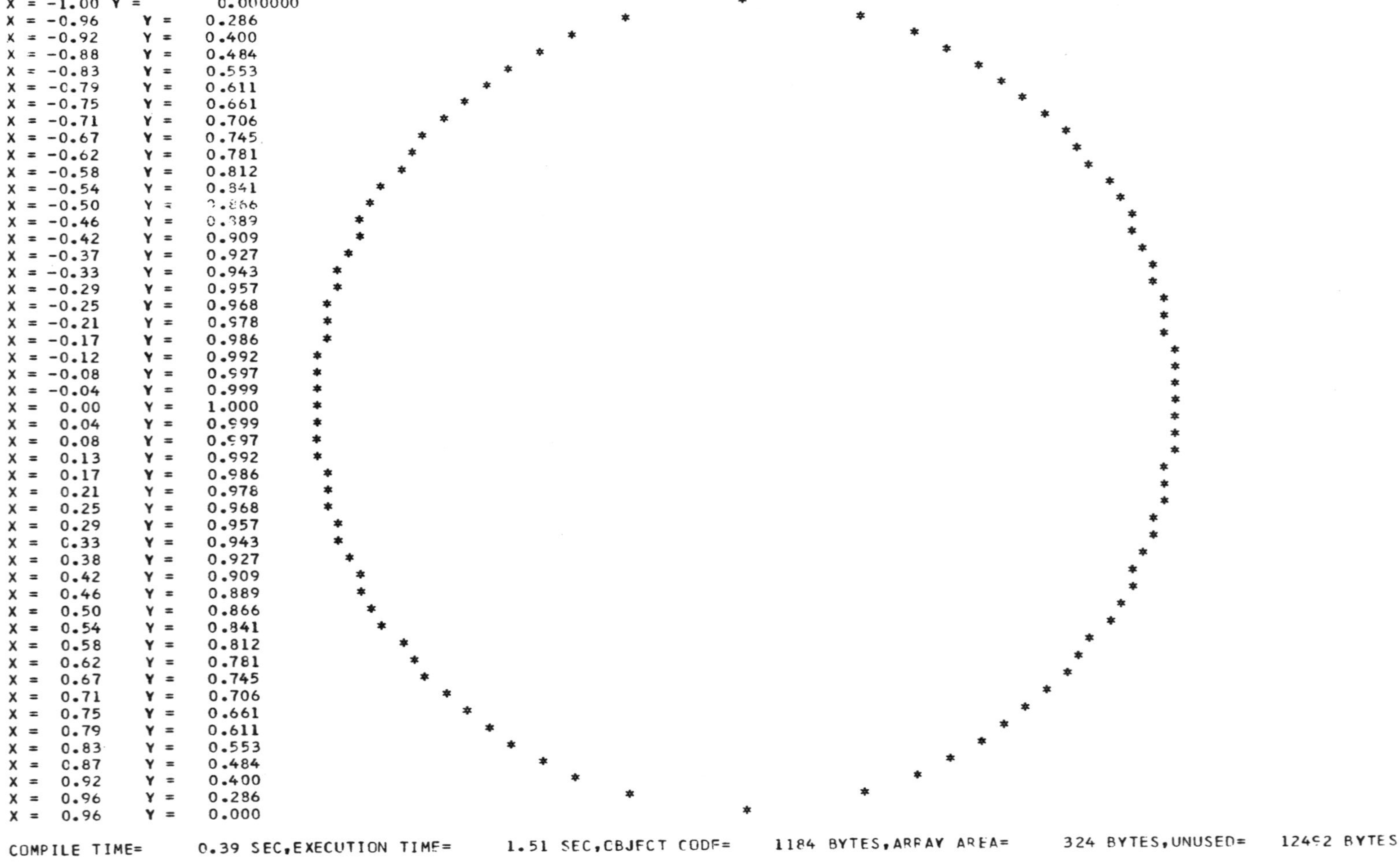

X = -1.00 Y =   0.000000
X = -0.96   Y =   0.286
X = -0.92   Y =   0.400
X = -0.88   Y =   0.484
X = -0.83   Y =   0.553
X = -0.79   Y =   0.611
X = -0.75   Y =   0.661
X = -0.71   Y =   0.706
X = -0.67   Y =   0.745
X = -0.62   Y =   0.781
X = -0.58   Y =   0.812
X = -0.54   Y =   0.841
X = -0.50   Y =   0.866
X = -0.46   Y =   0.889
X = -0.42   Y =   0.909
X = -0.37   Y =   0.927
X = -0.33   Y =   0.943
X = -0.29   Y =   0.957
X = -0.25   Y =   0.968
X = -0.21   Y =   0.978
X = -0.17   Y =   0.986
X = -0.12   Y =   0.992
X = -0.08   Y =   0.997
X = -0.04   Y =   0.999
X = 0.00   Y =   1.000
X = 0.04   Y =   0.999
X = 0.08   Y =   0.997
X = 0.13   Y =   0.992
X = 0.17   Y =   0.986
X = 0.21   Y =   0.978
X = 0.25   Y =   0.968
X = 0.29   Y =   0.957
X = 0.33   Y =   0.943
X = 0.38   Y =   0.927
X = 0.42   Y =   0.909
X = 0.46   Y =   0.889
X = 0.50   Y =   0.866
X = 0.54   Y =   0.841
X = 0.58   Y =   0.812
X = 0.62   Y =   0.781
X = 0.67   Y =   0.745
X = 0.71   Y =   0.706
X = 0.75   Y =   0.661
X = 0.79   Y =   0.611
X = 0.83   Y =   0.553
X = 0.87   Y =   0.484
X = 0.92   Y =   0.400
X = 0.96   Y =   0.286
X = 0.96   Y =   0.000

COMPILE TIME=   0.39 SEC,EXECUTION TIME=   1.51 SEC,CBJFCT CODF=   1184 BYTES,ARFAV AREA=   324 BYTES,UNUSED=   12492 BYTES

```
//JOB    FKA01,19,NAME           < FUER FORTFAN IV - WATFOR - LAUF >   PAS  010
     C    BEISPIEL AUS PARAGRAPH 11, PASCALSCHES DREIECK                PAS  020
1         INTEGER*2 B(17,17)/289*1/,K,N                                 PAS  030
2         REAL VARFOR(7)/'(//T','65',',',,'1',,'(I5,','3X),',,'I5)'/,   PAS  040
     *         TAB(16)/'61','57','53','49','45','41','37','33','29',     PAS  050
     *              '25','21','17','13','9','5','1'/,                    PAS  060
     *         ANZ(16)/'1','2','3','4','5','6','7','8','9','10','11',    PAS  070
     *              '12','13','14','15','16'/                           PAS  080
3         N = 1                                                        PAS  090
4         WRITE (6,100)                                                PAS  100
5     100 FORMAT ('1')                                                 PAS  110
6         WRITE (6,VARFOR) B(1,1)                                      PAS  120
7       1 VARFOR(2) = TAB(N)                                           PAS  130
8         VARFOR(4) = ANZ(N)                                           PAS  140
9         N = N+1                                                      PAS  150
10        WRITE (6,VARFOR) (B(N,K),K=1,N)                              PAS  160
11        IF (N .GE. 17) GO TO 2222                                    PAS  170
12        DO 2 K=2,N                                                   PAS  180
13        B(N+1,K) = B(N,K)+B(N,K-1)                                   PAS  190
14      2 CONTINUE                                                     PAS  200
15        GO TO 1                                                      PAS  210
16   2222 STOP                                                         PAS  220
17        END

//DATA                           < FUER FORTRAN IV - WATFOR - LAUF >
```

In dem Vektor VARFOR sind folgende Zeichen verschlüsselt:

Zu Beginn:	(//T	65	,	1	(I5, | 3X),	I5)

nach der ersten Änderung:	(//T	61	,	1	(I5, | 3X),	I5)

nach der zweiten Änderung:	(//T	57	,	2	(I5, | 3X),	I5)

```
                                        1
                                    1       1
                                1       2       1
                            1       3       3       1
                        1       4       6       4       1
                    1       5      10      10       5       1
                1       6      15      20      15       6       1
            1       7      21      35      35      21       7       1
        1       8      28      56      70      56      28       8       1
    1       9      36      84     126     126      84      36       9       1
1      10      45     120     210     252     210     120      45      10       1
1      11      55     165     330     462     462     330     165      55      11       1
1      12      66     220     495     792     924     792     495     220      66      12       1
1      13      78     286     715    1287    1716    1716    1287     715     286      78      13       1
1      14      91     364    1001    2002    3003    3432    3003    2002    1001     364      91      14       1
1      15     105     455    1365    3003    5005    6435    6435    5005    3003    1365     455     105      15       1
1      16     120     560    1820    4368    8008   11440   12870   11440    8008    4368    1820     560     120      16       1
COMPILE TIME=    0.35 SEC,EXECUTION TIME=    0.51 SEC,OBJECT CODE=    1440 BYTES,ARRAY AREA=    736 BYTES,UNUSED=   11824 BYTES
```

```
//JCB     FKA01,19,NAME                    < FUER FORTRAN IV - WATFOR - LAUF >
  C     BEISPIEL 13.1, BERECHNUNG VON FUNKTIONSWERTEN
  1           REAL Y,EXP,X,SIN,PI/3.141593/
  2           PI = PI*4.
  3           X = -1.
  4        1 Y = EXP(0.5*X)*SIN(PI*X)
  5           WRITE (6,102) X,Y
  6           X = X+0.1
  7           IF (X-1.05) 1,2,2
  8      102 FORMAT (T4,'X =',F6.2,5X,'Y =',E15.6)
  9        2 STOP
 10           END

     //DATA                                < FUER FORTRAN IV - WATFOR - LAUF >
X = -1.00    Y =   -0.790531E-06
X = -0.90    Y =    0.606420E 00
X = -0.80    Y =    0.394004E 00
X = -0.70    Y =   -0.414205E 00
X = -0.60    Y =   -0.704560E 00
X = -0.50    Y =    0.977913E-06
X = -0.40    Y =    0.778660E 00
X = -0.30    Y =    0.505910E 00
X = -0.20    Y =   -0.531852E 00
X = -0.10    Y =   -0.904672E 00
X =  0.00    Y =    0.299606E-05
X =  0.10    Y =    0.999819E 00
X =  0.20    Y =    0.649600E 00
X =  0.30    Y =   -0.682912E 00
X =  0.40    Y =   -0.116162E 01
X =  0.50    Y =    0.573494E-05
X =  0.60    Y =    0.128379E 01
X =  0.70    Y =    0.834100E 00
X =  0.80    Y =   -0.876879E 00
X =  0.90    Y =   -0.149155E 01
X =  1.00    Y =    0.214888E-05

COMPILE TIME=     0.15 SEC,EXECUTION TIME=     0.19 SEC,OBJECT CODE=     568 BY]
```

```
//JOB     FKA01,19,NAME,LINES=72     < FUER FORTRAN IV - WATFOR - LAUF >
C    LOESUNG ZU UEBUNG 13.1, AUSGABE EINER KURVE
1        REAL VKT(250),X,Y,YMAX,YMIN,FAKTOR,EXP,SIN,PI/3.141593/
2        INTEGER I,K,IMAX,INDEX,ZEIL(100)/100*' '/,STERN/'*'/,BLANK/' '/
3        PI = PI*4.
4        X = -1.
5        I = 1
6      1 VKT(I) = EXP(-X)*SIN(PI*X)
7        X = X+0.02
8        I = I+1
9        IF (X .LT. 1.005) GO TO 1
10       IMAX = I-1
11       YMAX = VKT(1)
12       YMIN = YMAX
13       DO 2 I=2,IMAX
14       Y = VKT(I)
15       IF (YMAX .LT. Y) YMAX = Y
16       IF (YMIN .GT. Y) YMIN = Y
17     2 CONTINUE
18       X = -1.
19       FAKTOR = 99./(YMAX-YMIN)
20       DO 3 I=1,IMAX
21       INDEX = 1.5+FAKTOR*(VKT(I)-YMIN)
22       ZEIL(INDEX) = STERN
23       WRITE (6,101) X,VKT(I),(ZEIL(K),K=1,INDEX)
24   101 FORMAT (1X,'X =',F6.2,3X,' Y =',F8.3,T31,100A1)
25       X = X+0.01
26       ZEIL(INDEX) = BLANK
27     3 CONTINUE
28       STOP
29       END
```

                 //DATA
X = -1.00   Y =   -0.000
X = -0.99   Y =   0.663
X = -0.98   Y =   1.258
X = -0.97   Y =   1.752
X = -0.96   Y =   2.119
X = -0.95   Y =   2.339
X = -0.94   Y =   2.406
X = -0.93   Y =   2.321
X = -0.92   Y =   2.096
X = -0.91   Y =   1.749
X = -0.90   Y =   1.308
X = -0.89   Y =   0.803
X = -0.88   Y =   0.268
X = -0.87   Y =   -0.263
X = -0.86   Y =   -0.756
X = -0.85   Y =   -1.184
X = -0.84   Y =   -1.521
X = -0.83   Y =   -1.751
X = -0.82   Y =   -1.863
X = -0.81   Y =   -1.855
X = -0.80   Y =   -1.733
X = -0.79   Y =   -1.508
X = -0.78   Y =   -1.198
X = -0.77   Y =   -0.827
X = -0.76   Y =   -0.418
X = -0.75   Y =   0.000
X = -0.74   Y =   0.402
X = -0.73   Y =   0.763
X = -0.72   Y =   1.063
X = -0.71   Y =   1.285
X = -0.70   Y =   1.419
X = -0.69   Y =   1.459
X = -0.68   Y =   1.408
X = -0.67   Y =   1.271
X = -0.66   Y =   1.061
X = -0.65   Y =   0.793
X = -0.64   Y =   0.487
X = -0.63   Y =   0.163
X = -0.62   Y =   -0.159
X = -0.61   Y =   -0.459
X = -0.60   Y =   -0.718
X = -0.59   Y =   -0.922
X = -0.58   Y =   -1.062
X = -0.57   Y =   -1.130
X = -0.56   Y =   -1.125
X = -0.55   Y =   -1.051
X = -0.54   Y =   -0.915
X = -0.53   Y =   -0.727
X = -0.52   Y =   -0.501
X = -0.51   Y =   -0.254
X = -0.50   Y =   0.000
X = -0.49   Y =   0.244
X = -0.48   Y =   0.463
X = -0.47   Y =   0.645
X = -0.46   Y =   0.779
X = -0.45   Y =   0.861
X = -0.44   Y =   0.885
X = -0.43   Y =   0.854
X = -0.42   Y =   0.771
X = -0.41   Y =   0.644
X = -0.40   Y =   0.481
X = -0.39   Y =   0.295
X = -0.38   Y =   0.099
X = -0.37   Y =   -0.097
X = -0.36   Y =   -0.278
X = -0.35   Y =   -0.435
X = -0.34   Y =   -0.560
X = -0.33   Y =   -0.644
X = -0.32   Y =   -0.685
X = -0.31   Y =   -0.683
X = -0.30   Y =   -0.638
X = -0.29   Y =   -0.555
X = -0.28   Y =   -0.441
X = -0.27   Y =   -0.304
X = -0.26   Y =   -0.154
X = -0.25   Y =   0.000
X = -0.24   Y =   0.148
X = -0.23   Y =   0.281
X = -0.22   Y =   0.391
X = -0.21   Y =   0.473
X = -0.20   Y =   0.522
X = -0.19   Y =   0.537
X = -0.18   Y =   0.518
X = -0.17   Y =   0.468
X = -0.16   Y =   0.390
X = -0.15   Y =   0.292
X = -0.14   Y =   0.179
X = -0.13   Y =   0.060
X = -0.12   Y =   -0.059
X = -0.11   Y =   -0.169
X = -0.10   Y =   -0.264
X = -0.09   Y =   -0.339
X = -0.08   Y =   -0.391
X = -0.07   Y =   -0.416
X = -0.06   Y =   -0.414
X = -0.05   Y =   -0.387
X = -0.04   Y =   -0.336
X = -0.03   Y =   -0.267
X = -0.02   Y =   -0.184
X = -0.01   Y =   -0.093
X = 0.00   Y =   0.000

< FUER FORTRAN IV - WATFOR - LAUF >

COMPILE TIME=   0.57 SEC,EXECUTION TIME=   2.59 SEC,OBJECT CODE=   1496 BYTES,ARRAY AREA=   1400 BYTES,UNUSED=   11104 BYTES

```
//JOB      FKA01,19,NAME,LINES=72     < FUER FORTRAN IV - WATFOR - LAUF >
     C    LOESUNG ZU UEBUNG 13.2
 1          REAL VKT(200),X,Y,YMIN,YMAX,FAKTOR,YWERT
 2          INTEGER I,K,IMAX,INDEX,ZEIL(100)/100*' '/,STERN/'*'/,BLANK/' '/
 3          X = -1.
 4          I = 1
 5        1 VKT(I) = Y(X)
 6          X = X+0.02
 7          I = I+1
 8          IF (X .LT. 1.01) GO TO 1
 9          IMAX = I-1
10          YMAX = VKT(1)
11          YMIN = YMAX
12          DO 2 I=2,IMAX
13          YWERT = VKT(I)
14          IF (YMAX .LT. YWERT) YMAX = YWERT
15          IF (YMIN .GT. YWERT) YMIN = YWERT
16        2 CONTINUE
17          X = -1.
18          FAKTOR = 99./(YMAX-YMIN)
19          DO 3 I=1,IMAX
20          INDEX = 1.5+FAKTOR*(VKT(I)-YMIN)
21          ZEIL(INDEX) = STERN
22          WRITE (6,101) X,VKT(I),(ZEIL(K),K=1,INDEX)
23      101 FORMAT (1X,'X =',F6.2,3X,' Y =',F8.3,T31,100A1)
24          X = X+0.02
25          ZEIL(INDEX) = BLANK
26        3 CONTINUE
27          STOP
28          END
29          REAL FUNCTION Y(X)
30          REAL X,XQ
31          XQ = X*X
32          Y = (4.*XQ-5.)*XQ+1.
33          RETURN
34          END
```

```
      //DATA                               < FUER FORTRAN IV - WATFOR - LAUF >
X = -1.00    Y =     0.000                                              *
X = -0.98    Y =    -0.113                                    *
X = -0.96    Y =    -0.211                              *
X = -0.94    Y =    -0.295                        *
X = -0.92    Y =    -0.366                  *
X = -0.90    Y =    -0.426               *
X = -0.88    Y =    -0.473            *
X = -0.86    Y =    -0.510         *
X = -0.84    Y =    -0.537        *
X = -0.82    Y =    -0.554       *
X = -0.80    Y =    -0.562      *
X = -0.78    Y =    -0.561      *
X = -0.76    Y =    -0.554       *
X = -0.74    Y =    -0.539       *
X = -0.72    Y =    -0.517         *
X = -0.70    Y =    -0.490          *
X = -0.68    Y =    -0.457            *
X = -0.66    Y =    -0.419              *
X = -0.64    Y =    -0.377                *
X = -0.62    Y =    -0.331                  *
X = -0.60    Y =    -0.282                    *
X = -0.58    Y =    -0.229                      *
X = -0.56    Y =    -0.175                         *
X = -0.54    Y =    -0.118                           *
X = -0.52    Y =    -0.060                              *
```

```
       //JOB     FKA01,19,NAME,LINES=72        < FUER FORTRAN IV - WATFOR - LAUF >
       C    BEISPIEL 13.3
   1           REAL XW,A(21),Y,POL
   2           INTEGER GRAD/4/,N,I
   3           N = GRAD+1
   4           READ (5,100) (A(I),I=1,N)
   5       100 FORMAT (5F5.0)
   6           XW = -1.
   7         1 Y = POL(GRAD,A,XW)
   8           WRITE (6,101) XW,Y
   9       101 FORMAT (1X,F7.2,E12.3)
  10           XW = XW+0.1
  11           IF (XW-1.05) 1,2,2
  12         2 STOP
  13           END
  14           REAL FUNCTION POL (N,A,X)
  15           REAL A(21),X,S
  16           INTEGER N,I,K,N1
  17           S = 0.
  18           N1 = N+1
  19           DO 1 I=1,N1
  20           K = N1-I+1
  21           S = S*X+A(K)
  22         1 CONTINUE
  23           POL = S
  24           RETURN
  25           END

       //DATA                              < FUER FORTRAN IV - WATFOR - LAUF >
 -1.00    0.000E 00
 -0.90   -0.426E 00
 -0.80   -0.562E 00
 -0.70   -0.490E 00
 -0.60   -0.282E 00
 -0.50    0.715E-06
 -0.40    0.302E 00
 -0.30    0.582E 00
 -0.20    0.806E 00
 -0.10    0.950E 00
  0.00    0.100E 01
  0.10    0.950E 00
  0.20    0.806E 00
  0.30    0.582E 00
  0.40    0.302E 00
  0.50    0.000E 00
  0.60   -0.282E 00
  0.70   -0.490E 00
  0.80   -0.562E 00
  0.90   -0.426E 00
  1.00    0.000E 00

COMPILE TIME=     0.25 SEC,EXECUTION TIME=     0.23 SEC,OBJECT CODE=     1104 BY
```

```
//JOB     FKA01,19,NAME              < FUER FORTRAN IV - WATFOR - LAUF >
     C    LOESUNG ZU AUFGABE 13.1, BERECHNUNG EINES INTEGRALS              INT  010
   1         REAL INT,FKT,WERT                                             INT  020
   2         EXTERNAL FKT                                                  INT  030
   3         N = 12                                                        INT  040
   4         WERT = INT(0.,1.,FKT,N)                                       INT  050
   5         WRITE (6,100) WERT                                            INT  060
   6     100 FORMAT (' INT(SIN(X)/X)  IM INTERVALL (0 , 1) IST ',E15.6)    INT  070
   7         STOP                                                          INT  080
   8         END                                                          INT  090

   9         REAL FUNCTION INT(LGR,RGR,F,N)                                INT  100
  10         INTEGER N,J,N1                                                INT  110
  11         REAL S,H,F,LGR,RGR                                            INT  120
  12         S = (F(LGR)+F(RGR))*0.5                                       INT  130
  13         H = (RGR-LGR)/N                                               INT  140
  14         N1 = N-1                                                      INT  150
  15         DO 2 J=1,N1                                                   INT  160
  16         S = S+F(LGR+J*H)                                              INT  170
  17       2 CONTINUE                                                      INT  180
  18         INT = S*H                                                     INT  190
  19         RETURN                                                        INT  200
  20         END                                                          INT  210

  21         REAL FUNCTION FKT(X)                                          INT  220
  22         REAL X,SIN,ABS                                                INT  230
  23         FKT = 1.                                                      INT  240
  24         IF (ABS(X) .LT. 1.E-1) GO TO 2222                             INT  250
  25         FKT = SIN(X)/X                                                INT  260
  26    2222 RETURN                                                        INT  270
  27         END                                                          INT  280

     //DATA                           < FUER FORTRAN IV - WATFOR - LAUF >
INT(SIN(X)/X)  IM INTERVALL (0 , 1) IST      0.946005E 00

COMPILE TIME=     0.33 SEC,EXECUTION TIME=     0.01 SEC,OBJECT CODE=     1224 BYTES,ARRAY AREA=
```

<u>Zu Aufgabe 13.1</u>

Der Integrand $\frac{\sin x}{x}$ kann an der Stelle x=0 nicht mit Hilfe der Rechenanlage ausgewertet werden. Wegen

$$|\frac{\sin x}{x} -1| \leq |\frac{x^3}{3!}|$$

kann man im Intervall $[0, \frac{1}{10}]$ die Funktion $\frac{\sin x}{x}$ durch die Konstante 1 ersetzen, ohne daß der Fehler den Wert $\frac{1}{2} \cdot 10^{-4}$ überschreitet. Damit die geforderte Genauigkeit erreicht werden kann, muß das Integrationsintervall $[0,1]$ in n Teile unterteilt werden. Werden die Teilintervalle gleich groß gewählt, so ist

$$h = \frac{1-0}{n}$$

und in jedem Teilintervall läßt sich der Integrationsfehler R_i abschätzen durch

$$|R_i| \leq \max_{x \in I_i} |f''(x)| \cdot \frac{h^3}{12} \cdot$$

Für den Gesamtfehler R ergibt sich

$$|R| \leq n \cdot \max|R_i| \leq n \cdot \max_{x \in [0,1]} |f''(x)| \cdot \frac{h^2}{12}$$

$$\leq \max_{x \in [0,1]} |f''(x)| \cdot \frac{1}{n^2 \cdot 12} \cdot$$

Nun ist

$$f''(x) = \frac{-x^2 \cdot \sin x + 2(\sin x - x \cdot \cos x)}{x^3}$$

und dieser Ausdruck läßt sich im Intervall $[0,1]$ durch $\frac{2}{3}$ abschätzen.
Um die geforderte Genauigkeit von $\frac{1}{2} \cdot 10^{-4}$ zu erreichen, muß also

$$n \geq 12$$

gewählt werden.

```
      //JOB     FKA01,19,NAME              < FUER FORTRAN IV - WATFOR - LAUF >
      C    BEISPIEL 14.1
 1         REAL WERTE(200),X,KW,GRW,Z
 2         INTEGER K
 3         X = -3.
 4         DO 1 K=1,30
 5         WERTE(K) = (2.*X+3.)*X-6.
 6         X = X+0.25
 7       1 CONTINUE
 8         CALL EXTREM (WERTE,30,KW,GRW)
 9         Z = (KW+GRW)*0.5
10         WRITE (6,100) Z
11     100 FORMAT (1X,'MITTELWERT VON GROESSTEM UND KLEINSTEM WERT:',E15.6)
12         STOP
13         END


14         SUBROUTINE EXTREM (MESS,N,KL,GR)
15         REAL MESS(200),KL,GR,WERT
16         INTEGER J,N
17         KL = MESS(1)
18         GR = KL
19         DO 1 J=2,N
20         WERT = MESS(J)
21         IF (KL .GT. WERT) KL = WERT
22         IF (GR .LT. WERT) GR = WERT
23       1 CONTINUE
24         WRITE (6,108) KL,GR
25     108 FORMAT (' KL. WERT =',E15.6,3X,'GR. WERT =',E15.6)
26         RETURN
27         END
      //DATA                               < FUER FORTRAN IV - WATFOR - LAUF >
KL. WERT =  -0.712500E 01   GR. WERT =   0.428750E 02
MITTELWERT VON GROESSTEM UND KLEINSTEM WERT:   0.178750E 02

COMPILE TIME=     0.23 SEC,EXECUTION TIME=     0.03 SEC,OBJECT CODE=     1200 BYTES,ARRAY AREA=
```

```
//JOB      FKA01,19,NAME,LINES=72      < FUER FORTRAN IV - WATFOR - LAUF >
      C    LOESUNG ZU AUFGABE 14.1
 1           REAL POLW(150),X,XQ
 2           INTEGER J
 3           X = -1.
 4           DO 1 J=1,60
 5           XQ = X*X
 6           POLW(J) = (4.*XQ-5.)*XQ+1.
 7           X = X+0.02
 8         1 CONTINUE
 9           CALL BILD (POLW,60)
10           STOP
11           END
12           SUBROUTINE BILD(VKT,N)
13           REAL VKT(150),YMAX,YMIN,Y,FAKT
14           INTEGER N,J,BLANK/' '/,STERN/'*'/,K,INDEX
15           YMAX = VKT(1)
16           YMIN = YMAX
17           DO 2 J=2,N
18           Y = VKT(J)
19           IF (YMAX .LT. Y) YMAX = Y
20           IF (YMIN .GT. Y) YMIN = Y
21         2 CONTINUE
22           Y = YMAX-YMIN
23           IF (Y) 2222,2222,3
24         3 FAKT = 99./Y
25           DO 4 J=1,N
26           INDEX = 1.5 +FAKT*(VKT(J)-YMIN)
27           WRITE (6,100) VKT(J),(BLANK,K=1,INDEX),STERN
28       100 FORMAT (T3,E15.6,T20,101A1)
29         4 CONTINUE
30      2222 RETURN
31           END
```

```
    //DATA                          < FUER FORTRAN IV - WATFOR - LAUF >
  0.000000E 00                                        *
 -0.112528E 00                                    *
 -0.210613E 00                                 *
 -0.295004E 00                              *
 -0.366428E 00                           *
 -0.425600E 00                        *
 -0.473219E 00                      *
 -0.509968E 00                    *
 -0.536514E 00                   *
 -0.553514E 00                  *
 -0.561600E 00                 *
 -0.561398E 00                 *
```

<u>Zu Aufgabe 14.1</u>

Man beachte in dem Unterprogramm BILD den Befehl

WRITE(6,100)VKT(J),(BLANK,K=1,INDEX),STERN

Die implizite DO-Schleife (BLANK,K=1,INDEX) wird an dieser Stelle nicht zur Ausgabe eines indizierten Feldes benutzt, sondern um den Inhalt des Speicherplatzes BLANK so oft nebeneinander auszugeben, wie der Inhalt des Speicherplatzes INDEX angibt.

```
//JOB     FKAC1,1C,NAME             < FUEP FORTRAN IV - WATFOR - LAUF >   GAUSS010
          LOESUNG ZU AUFGABE 14.2,                                       GAUSS010
          LOESUNG EINES LINEAREN GLEICHUNGSSYSTEMS                       GAUSS020
     1       REAL*8 A(20,20),R(20),X(20)                                 GAUSS030
     2       INTEGER N,I,K                                               GAUSS040
     3       LOGICAL LOESB                                               GAUSS050
     4       READ (5,100) N                                              GAUSS060
     5   100 FORMAT (I5)                                                 GAUSS070
     6       READ (5,101) (R(I),I=1,N)                                   GAUSS080
     7   101 FORMAT (8F10.3)                                             GAUSS090
     8       DO 1 I=1,N                                                  GAUSS100
     9       READ (5,101) (A(I,K),K=1,N)                                 GAUSS110
    10       WRITE (6,102) R(I),(A(I,K),K=1,N)                           GAUSS120
    11     1 CONTINUE                                                    GAUSS130
    12   102 FORMAT (T62,F10.3,T2,5(F10.3,2X))                           GAUSS140
    13       CALL GAUSS (N,A,R,X,LOESB)                                  GAUSS150
    14       IF (.NOT. LOESB) GO TO 2222                                 GAUSS160
    15       WRITE (6,103) (X(K),K=1,N)                                  GAUSS170
    16   103 FORMAT ('-DER LOESUNGSVEKTOR HAT DIE WERTE'//5(F10.3,2X))   GAUSS180
    17  2222 STOP                                                        GAUSS190
    18       END                                                        GAUSS200
    19       SUBROUTINE GAUSS(N,A,B,X,L)                                 GAUSS210
    20       REAL*8 A(20,20),B(20),X(20),DABS,H                          GAUSS220
    21       LOGICAL L                                                   GAUSS230
    22       INTEGER I,J,K,N,I1,IN,N1                                    GAUSS240
    23       DO 80 I=1,N                                                 GAUSS250
    24       K = I                                                       GAUSS260
    25       I1 = I+1                                                    GAUSS270
    26       IF (I1 .GT. N) GO TO 2                                      GAUSS280
    27       DO 1 J=I1,N                                                 GAUSS290
    28       IF (DABS(A(J,I)) .LE. DABS(A(K,I))) GO TO 1                 GAUSS300
    29       K = J                                                       GAUSS310
    30     1 CONTINUE                                                    GAUSS320
    31     2 IF (I .GE. K) GO TO 4                                       GAUSS330
    32       DO 3 J=I,N                                                  GAUSS340
    33       H = A(I,J)                                                  GAUSS350
    34       A(I,J) = A(K,J)                                             GAUSS360
    35       A(K,J) = H                                                  GAUSS370
    36     3 CONTINUE                                                    GAUSS380
    37       H = B(I)                                                    GAUSS390
    38       B(I) = B(K)                                                 GAUSS400
    39       B(K) = H                                                    GAUSS410
```

```
40       4 IF (DABS(A(I,I)) .GE. 1.D-11) GO TO 5              GAUSS420
41         WRITE (6,100)                                      GAUSS430
42     100 FORMAT (' MATRIX IST SINGULAER')                   GAUSS440
43         L = .FALSE.                                        GAUSS450
44         GO TO 11                                           GAUSS460
45       5 A(I,I) = 1.D0/A(I,I)                               GAUSS470
46         B(I) = B(I)*A(I,I)                                 GAUSS480
47         IF (I1 .GT. N) GO TO 80                            GAUSS490
48         DO 6 K=I1,N                                        GAUSS500
49         A(I,K) = A(I,K)*A(I,I)                             GAUSS510
50       6 CONTINUE                                           GAUSS520
51         DO 8 J=I1,N                                        GAUSS530
52         DO 7 K=I1,N                                        GAUSS540
53         A(J,K) = A(J,K)-A(I,K)*A(J,I)                      GAUSS550
54       7 CONTINUE                                           GAUSS560
55         B(J) = B(J)-B(I)*A(J,I)                            GAUSS570
56       8 CONTINUE                                           GAUSS580
57      80 CONTINUE                                           GAUSS590
58         L = .TRUE.                                         GAUSS600
59         X(N) = B(N)                                        GAUSS610
60         N1 = N-1                                           GAUSS620
61         IF (N1 .LE. 0) GO TO 11                            GAUSS630
62         DO 10 I=1,N1                                       GAUSS640
63         IN = N-I                                           GAUSS650
64         X(IN) = B(IN)                                      GAUSS660
65         DO 9 J=1,I                                         GAUSS670
66         K = N-J+1                                          GAUSS680
67         X(IN) = X(IN)-A(IN,K)*X(K)                         GAUSS690
68       9 CONTINUE                                           GAUSS700
69      10 CONTINUE                                           GAUSS710
70      11 RETURN                                             GAUSS720
71         END                                                GAUSS730
```

```
     //DATA                          < FUER FORTRAN IV - WATFOR - LAUF >
    1.000      0.000      0.000                     1.000
    0.000      2.000      0.000                     2.000
    5.000      8.000      3.000                     3.000
```

DER LOESUNGSVEKTOR HAT DIE WERTE

```
    1.000      1.000     -3.333
```

```
COMPILE TIME=     0.95 SEC,EXECUTION TIME=     0.11 SEC,OBJECT CODE=     3352 BYTES,ARRAY 45
```

```
//JOB     FKA01,19,NAME           < FUER FORTRAN IV - WATFOR - LAUF >
C    LOESUNG ZU AUFGABE 15.1,                                              LGL  010
C    LOESUNG EINES LINEAREN GLEICHUNGSSYSTEMS                             LGL  020
1        REAL*8 A(20,20),R(20),X(20)                                      LGL  030
2        INTEGER N,I,K                                                    LGL  040
3        LOGICAL*1 LOESB                                                  LGL  050
4        COMMON A,R,X,N,LOESB                                            LGL  060
5        READ (5,100) N                                                   LGL  070
6    100 FORMAT (I5)                                                      LGL  080
7        READ (5,101) (R(I),I=1,N)                                        LGL  090
8    101 FORMAT (8F10.3)                                                  LGL  100
9        DO 1 I=1,N                                                       LGL  110
10       READ (5,101) (A(I,K),K=1,N)                                      LGL  120
11       WRITE (6,102) R(I),(A(I,K),K=1,N)                                LGL  130
12     1 CONTINUE                                                         LGL  140
13   102 FORMAT (T62,F10.3,T2,5(F10.3,2X))                                LGL  150
14       CALL GAUSS                                                       LGL  160
15       IF (.NOT. LOESB) GO TO 2222                                      LGL  170
16       WRITE (6,103) (X(K),K=1,N)                                       LGL  180
17   103 FORMAT ('-DER LOESUNGSVEKTOR HAT DIE WERTE'//5(F10.3,2X))        LGL  190
18  2222 STOP                                                             LGL  200
19       END                                                             LGL  210
20       SUBROUTINE GAUSS                                                 LGL  220
21       REAL*8 A(20,20),B(20),X(20),DABS,H                               LGL  230
22       LOGICAL*1 L                                                      LGL  240
23       INTEGER I,J,K,N,I1,IN,N1                                         LGL  250
24       COMMON A,B,X,N,L                                                 LGL  260
25       DO 80 I=1,N                                                      LGL  270
26       K = I                                                            LGL  280
27       I1 = I+1                                                         LGL  290
28       IF (I1 .GT. N) GO TO 2                                           LGL  300
29       DO 1 J=I1,N                                                      LGL  310
30       IF (DABS(A(J,I)) .LE. DABS(A(K,I))) GO TO 1                      LGL  320
31       K = J                                                            LGL  330
32     1 CONTINUE                                                         LGL  340
33     2 IF (I .GE. K) GO TO 4                                            LGL  350
34       DO 3 J=I,N                                                       LGL  360
35       H = A(I,J)                                                       LGL  370
36       A(I,J) = A(K,J)                                                  LGL  380
37       A(K,J) = H                                                       LGL  390
38     3 CONTINUE                                                         LGL  400
39       H = B(I)                                                         LGL  410
40       B(I) = B(K)                                                      LGL  420
```

```
41            B(K) = H                                        LGL  430
42          4 IF (DABS(A(I,I)) .GE. 1.D-11) GO TO 5          LGL  440
43            WRITE (6,100)                                  LGL  450
44        100 FORMAT (' MATRIX IST SINGULAER')               LGL  460
45            L = .FALSE.                                    LGL  470
46            GO TO 11                                       LGL  480
47          5 A(I,I) = 1.DO/A(I,I)                           LGL  490
48            B(I) = B(I)*A(I,I)                             LGL  500
49            IF (I1 .GT. N) GO TO 80                        LGL  510
50            DO 6 K=I1,N                                    LGL  520
51            A(I,K) = A(I,K)*A(I,I)                         LGL  530
52          6 CONTINUE                                       LGL  540
53            DO 8 J=I1,N                                    LGL  550
54            DO 7 K=I1,N                                    LGL  560
55            A(J,K) = A(J,K)-A(I,K)*A(J,I)                  LGL  570
56          7 CONTINUE                                       LGL  580
57            B(J) = B(J)-B(I)*A(J,I)                        LGL  590
58          8 CONTINUE                                       LGL  600
59         80 CONTINUE                                       LGL  610
60            L = .TRUE.                                     LGL  620
61            X(N) = B(N)                                    LGL  630
62            N1 = N-1                                       LGL  640
63            IF (N1 .LE. 0) GO TO 11                        LGL  650
64            DO 10 I=1,N1                                   LGL  660
65            IN = N-I                                       LGL  670
66            X(IN) = B(IN)                                  LGL  680
67            DO 9 J=1,I                                     LGL  690
68            K = N-J+1                                      LGL  700
69            X(IN) = X(IN)-A(IN,K)*X(K)                     LGL  710
70          9 CONTINUE                                       LGL  720
71         10 CONTINUE                                       LGL  730
72         11 RETURN                                         LGL  740
73            END                                            LGL  750

      //DATA                    < FUER FORTRAN IV - WATFOR - LAUF >
     1.000      0.000      0.000              1.000
   100.000    200.000    300.000              2.000
     0.000      2.000      0.000              3.000

DER LOESUNGSVEKTOR HAT DIE WERTE

   1.000       1.500      -1.327

COMPILE TIME=    0.99 SEC,EXECUTION TIME=    0.13 SEC,OBJECT CODE=    3488 BYTES,ARRAY A
```

<u>Zu Aufgabe 16.1</u>

a) $12_{Dez.} = 1100_{Dual}$

   $89_{Dez.} = 1011001_{Dual}$

b) M=-10

   N=10

   S=10/11 $\implies$ S=0

   R=(-10)/(-9,9) $\implies$ R=1,010101

   X1=0.

   X2=0.

   X3=1.1

Die INTEGER-Konstante 123456789 wird bei den arithmetischen
Ausdrücken für X1 und X2 in eine REAL*4-Zahl umgewandelt. In
der Gleitkommadarstellung können nur 7 Dezimalziffern verschlüsselt werden, d.h. die letzten beiden Ziffern bleiben un-
berücksichtigt. Durch die Addition der Zahl 1.1 wird ihr Wert
nicht verändert. Da anschließend die letzte Konstante der
Summe ebenfalls in eine REAL*4-Zahl umgewandelt wird und nun
zwei gleich große REAL*4-Zahlen voneinander subtrahiert werden,
besitzen X1 und X2 den Wert Null. Bei dem arithmetischen Ausdruck von X3 werden zunächst die beiden INTEGER*4-Konstanten
voneinander subtrahiert. Dies ergibt den (INTEGER-) Wert Null.
Hierzu wird die reelle Konstante 1.1 addiert.

c) Siehe Paragraph 12

```
       //JOB    FKA01,19,NAME              < FUER FORTRAN IV - WATFOR - LAUF >
       C   LOESUNG ZU AUFGABE 16.2
  1            REAL S1,S2
  2            INTEGER K,S3
  3            S1 = 0.
  4            S2 = C.
  5            S3 = 0
  6            DO 1 K=1,10000,2
  7            S1 = S1+K
  8            S2 = S2+(10000-K)
  9            S3 = S3+K
 10          1 CONTINUE
 11            WRITE (6,100) S1,S2,S3
 12        100 FORMAT (1X,2E20.7,I12)
 13            STOP
 14            END

       //DATA                               < FUER FORTRAN IV - WATFOR - LAUF >
       0.2499277E 08        0.2497707E 08   25000000

COMPILE TIME=      0.21 SEC,EXECUTION TIME=      2.25 SEC,OBJECT CODE=      488 BY
```

Der richtige Wert der Summe ist $25 \cdot 10^6$. Werden die Zahlen in aufsteigender Reihenfolge addiert, so wird der richtige Wert bis auf einen relativen Fehler von

$$0,3 \cdot 10^{-3}$$

wiedergegeben. Bei der Summation der fallenden Folge ist der relative Fehler

$$1 \cdot 10^{-3}.$$

Der größere Fehler ist dadurch zu erklären, daß bei der zweiten Summe die einzelnen Zwischensummen schneller als bei der ersten Summe einen größeren Wert erreichen, so daß die kleineren Glieder der Folge keinen Beitrag mehr liefern können (Vergleichen Sie bitte hierzu die vorausgehende Aufgabe.)
Man sollte deshalb darauf achten, daß bei einer Addition die Summanden möglichst in derselben "Größenordnung" liegen.

```
      //JOB      FKA01,19,NAME              < FUER FORTRAN IV - WATFOR - LAUF >
      C    LOESUNG ZU AUFGABE 16.3
 1           REAL F,NULLST,POS,NEG
 2           EXTERNAL F
 3           POS = 0.
 4           NEG = 1.5707
 5           CALL NST (F,POS,NEG,NULLST)
 6           STOP
 7           END

 8           REAL FUNCTION F(X)
 9           REAL X, COS
10           F = COS(X)-X
11           RETURN
12           END

13           SUBROUTINE NST(F,X1,X2,X)
14           REAL F,X,X1,X2,FX1,FX2,FX,ABS
15           FX1 = F(X1)
16           FX2 = F(X2)
17           IF (FX1*FX2 .LE. 0) GO TO 1
18           WRITE (6,100)
19       100 FORMAT (' F(X1) UND F(X2) HABEN GLEICHES VORZEICHEN'/
            *     ' ES BRAUCHT KEINE NULLSTELLE VORZULIEGEN')
20           GO TO 2222
21         1 X = (X1+X2)*0.5
22           FX = F(X)
23           IF (ABS(FX)-1.E-5) 2,3,3
24         2 WRITE (6,101) X,FX
25       101 FORMAT (' NULLSTELLE =',F8.5,3X,'FUNKTIONSWERT =',E12.3)
26           GO TO 2222
27         3 IF (FX*FX1) 5,4,4
28         4 FX1 = FX
29           X1 = X
30           GO TO 1
31         5 FX2 = FX
32           X2 = X
33           GO TO 1
34      2222 RETURN
35           END

      //DATA                               < FUER FORTRAN IV - WATFOR - LAUF >
 NULLSTELLE = 0.73908   FUNKTIONSWERT =    0.787E-05

 COMPILE TIME=      0.29 SEC,EXECUTION TIME=      0.03 SEC,OBJECT CODE=    1440 BY
```

```
     //JOB      FKA01,19,NAME              < FUER FORTRAN IV - WATFOR - L/
     C    LOESUNG ZU AUFGABE 16.4
 1            INTEGER WORT,A(100)/100*0/,N,J,K
 2            N = 1
 3      1111 READ (5,100,END=2222) WORT
 4       100 FORMAT (A4)
 5            DO 2 K=1,N
 6            IF (WORT .LT. A(K)) GO TO 3
 7         2 CONTINUE
 8         3 N = N+1
 9            J = N
10         4 A(J) = A(J-1)
11            J = J-1
12            IF (J .GT. K) GO TO 4
13            A(K) = WORT
14            GO TO 1111
15      2222 WRITE (6,101) (A(K),K=1,N)
16       101 FORMAT (1X,A4)
17            STOP
18            END

     //DATA                               < FUER FORTRAN IV - WATFOR - L
ASS
AST
AUF
AUS
BIT
BUCH
BYTE
COS
EIN
EINS
FALL
LAGE
NORD
OST
PLAN
SIN
SUED
WALL
WANN
WARE
WERT
WEST
ZU


COMPILE TIME=      0.27 SEC,EXECUTION TIME=      0.35 SEC,OBJECT CODE=      8
          //
```

Zu Aufgabe 16.5

Die Schwierigkeit der Aufgabe besteht darin, daß eine einmal
gelesene Karte kein zweites Mal - etwa nach einem anderen
Format - gelesen werden kann. Es müssen daher die im A-Format-
code eingelesenen Ziffern der Kartenart 2 für die Anzahl und
den Einzelpreis in INTEGER-Zahlen umgewandelt werden.
Es empfiehlt sich nicht, die Berechnungen mit Variablen vom Typ
REAL durchzuführen, da Rundungsfehler vermieden werden sollen.

In manchen Compilern wird ein spezielles Unterprogramm zur Verfügung gestellt, das die jeweils zuletzt gelesene Karte zwischen-
speichert, so daß sie nach einem anderen Format nochmals gelesen werden kann. Bei unserer Rechenanlage ist diese Möglichkeit bei dem "großen Fortran IV-Compiler" gegeben (nicht bei
dem in dieser Ausarbeitung stets vorausgesetzten WATFOR-Compiler).
Man hat vor dem ersten Lesebefehl durch das Statement

```
CALL REREAD
```

das entsprechende Unterprogramm aufzurufen. Durch den Befehl

$$READ\ (99, n_2)\ Variablen\text{-}Liste$$

kann die <u>zuletzt gelesene</u> Karte noch einmal mit einem anderen
Format, das die Statement-Nummer n_2 hat, gelesen werden. Bei der
Aufgabe 16.5 hätten die Befehle lauten müssen:

```
      INTEGER  ... KA2/'2'/
      CALL REREAD
      ERST=0
   50 READ(5,100,END=999)(A(I),I=1,80)
  100 FORMAT(80A1)
      IF(A(1).EQ.KA2)READ(99,120)ANZ,EP
  120 FORMAT(T8,I4,T32,I5)
```

```
     //JOB     FKA01,19,NAME              < FUER FORTRAN IV - WATFOR - LAUF >
     C    LOESUNG ZU AUFGABE 16.5
1            INTEGER FELD(10)/'0','1','2','3','4','5','6','7','8','9'/,
            *BLANK/' '/,A(80),ANZ,ANF,END,END1,END2,ERST,ANF1,ANF2,
            *ANF3,ANF4,END3,END4,ERST1,ERST2,ERST3,ERST4,I,J
2            ERST=0
3         50 READ (5,100,END=999) (A(I),I=1,80)
4        100 FORMAT (80A1)
5            IF(A(1)-FELD(2)) 10,11,10
6         11 IF(ERST.EQ.0) GO TO 27
7            CALL DMAUSR (ERST,ERST1,ERST3,ERST4)
8            WRITE (6,105) ERST1,ERST3,ERST4
9        105 FORMAT (' ',59X,10('_'),/59X,I7,'.',2I1,/' ',59X,10('='))
10           ERST=0
11        27 WRITE (6,101) (A(J),J=2,25),(A(J),J=26,40),(A(J),J=41,80)
12       101 FORMAT (/////36X,24A1//,' ',35X,15A1/,' ',35X,15('=')/,' ',35X,
            *40A1//)
13           GO TO 50
14        10 ANZ=0
15           J=8
16           IF(A(J).EQ.BLANK) GO TO 20
17        21 DO 1 I=1,10
18           IF(A(J).EQ.FELD(I)) ANZ=ANZ+10**(11-J)*(I-1)
19         1 CONTINUE
20        20 J=J+1
21           IF(J.EQ.12) GO TO 22
22           GO TO 21
23        22 J=32
24           ANF=0
25        24 DO 2 I=1,10
26           IF(A(J).EQ.FELD(I)) ANF=ANF+10**(36-J)*(I-1)
27         2 CONTINUE
28           IF(J.EQ.37) GO TO 23
29           J=J+1
30           GO TO 24
31        23 END=ANZ*ANF
32           CALL DMAUSR (ANF,ANF1,ANF3,ANF4)
33           ERST=ERST+END
34           CALL DMAUSR (END,END1,END3,END4)
35           WRITE (6,103)ANZ,(A(J),J=12,31),ANF1,ANF3,ANF4,END1,END3,END4
36       103 FORMAT (/20X,I4,1X,20A1,I6,'.',2I1,6X,I6,'.',2I1)
37           GO TO 50
38       999 CALL DMAUSR (ERST,ERST1,ERST3,ERST4)
39           WRITE (6,105) ERST1,ERST3,ERST4
40           STOP
41           END

42           SUBROUTINE DMAUSR (N1,N2,N3,N4)
43           N2=N1/100
44           NN=N1-N2*100
45           N3=NN/10
46           N4=NN-N3*10
47           RETURN
48           END

     //DATA
```

```
                    AUGUST MUELLER

                    4408 DUELMEN
                    ===============
                    AUGUST-SCHLUETER-STR.16


         12 EISENHERDE            120.00           1440.00

          6 BRIKETTS               2.60              15.60

        113  ZTR. KOHLEN           5.30             598.90
                                                 ----------
                                                  2054.50
                                                 ==========



                    WILHELM MEIER

                    7 STUTTGART
                    ================
                    HAUPTSTR. 50


         45  P. ZUCKER             0.60              27.00

         33  STCK.LAMPEN          12.54             413.82

         56  REIFEN               26.50            1484.00
                                                 ----------
                                                  1924.82
                                                 ==========

COMPILE TIME=    0.75 SEC,EXECUTION TIME=    0.69 SEC,OBJECT CODE=    2912 BY
         //
```

Stichwortverzeichnis

REIHE AUTOMATISIERUNGSTECHNIK

Band 47: ALGOL 60 — eine Sprache für Rechenautomaten

Von Christian Andersen. Braunschweig: Vieweg, 2., durchgesehene Auflage, 1968. DIN A 5.
96 Seiten mit 1 Karte.

Band 42: EDV-Grundstufe der COBOL-Programmierung

Von Dieter Bär. Braunschweig: Vieweg, 2., durchgesehene Auflage, 1968. DIN A 5. 116 Seiten
mit 22 Abb.

Band 43: EDV-Oberstufe der COBOL-Programmierung

Von Dieter Bär. Braunschweig: Vieweg, 2., unveränderte Auflage, 1968. DIN A 5. 96 Seiten mit
5 Abb.

Band 44: EDV-Praxis der COBOL-Programmierung

Von Dieter Bär. Braunschweig: Vieweg, 2., unveränderte Auflage, 1968. DIN A 5. 92 Seiten
mit 3 Abb.

Band 83: Praxis der FORTRAN-Programmierung, Grundstufe

Von W. Dörband, A. Kotzauer, K. H. Kutschke, K. Petruschka und S. Weber. Braunschweig:
Vieweg, 1969. DIN A 5. 96 Seiten mit 69 Abb.

Band 84: Praxis der FORTRAN-Programmierung, Oberstufe

Von Wolfgang Dörband, Adolf Kotzauer, Kalr-Heinz Kutschke, Karl Petruschka und S. Weber.
Braunschweig: Vieweg, 1969. DIN A 5. 96 Seiten mit 51 Abb.

Band 73: FORTRAN — Kodierung von Formeln

Von Gerhard Paulin. Braunschweig: Vieweg, 1969. DIN A 5. 82 Seiten mit 27 Abb.

Band 74: FORTRAN — Datenbeschreibung und Unterprogrammtechnik

Von Gerhard Paulin. Braunschweig: Vieweg, 1969. DIN A 5. 93 Seiten mit 6 Abb.

In der gleichen Reihe erschienen aus dem technischen und betriebswirtschaftlichen
Bereich über 90 Bände zu Einzelfragen der Automatisierungstechnik.
Jeder Band DM 6,40

Taschenbücher der Technik

Reihe Automatisierungstechnik

ALGOL 60 – Eine Sprache für Rechenautomaten
von Ch. Andersen — DM 6,40

Aufbau und Einsatz von Prozeßrechnern
von H. Pankalla — DM 6,40

Automatisierungsanlagen
von R. Müller — DM 6,40

Bauelemente der Industriepneumatik
von L. Mikutta/H. Hennig/M. Janke — DM 6,40

Betriebsmeßwesen
von M. Schroedter / J. Meyer — DM 6,40

Digitale Kleinrechner
von G. Schubert — DM 6,40

EDV – Grundstufe der COBOL-Programmierung
von D. Bär — DM 6,40

EDV – Oberstufe der COBOL-Programmierung
von D. Bär — DM 6,40

EDV – Praxis der COBOL-Programmierung
von D. Bär — DM 6,40

Einführung in die Schaltalgebra
von D. Bär — DM 6,40

Elektronenstrahl-Oszillografie in der Automatisierungstechnik
von R. Kautsch — DM 6,40

Elektronische Bauelemente in der Automatisierungstechnik
von K. Götte — DM 6,40

FORTRAN – Kodierung von Formeln
von G. Paulin — DM 6,40

FORTRAN – Datenbeschreibung und Unterprogrammtechnik
von G. Paulin — DM 6,40

Integrierte Datenverarbeitung
von G. Brenk / G. Eichner — DM 6,40

Kleines Lexikon der Betriebsmeßtechnik
von G. Jeschke — DM 6,40

Kleines Lexikon der Rechentechnik und Datenverarbeitung
von G. Paulin — DM 6,40

Kontinuierliche Flüssigkeitsdichtemessung
von H. Hart — DM 6,40

Kybernetik und Automatisierung
von M. Peschel — DM 6,40

Lochbandtechnik
von E. Bürger/W. Leonhardt — DM 6,40

Lochkartentechnik
von B. Bode — DM 6,40

Mehrfachregelungen
von H. Fuchs / W. Weller — DM 6,40

Meßfehler bei dynamischen Messungen und Auswertung von Meßergebnissen
von E.-G. Woschni — DM 6,40

Pneumatische Bausteinsysteme in der Digitaltechnik
von H. Töpfer u. a. — DM 6,40

Pneumatische Steuerungen
von H. Töpfer u. a — DM 6,40

Programmierung von Prozeßrechnern
von G. Böhme/W. Born — DM 6,40

Programmgesteuerte Universalrechner
von F. Stuchlik — DM 6,40

Projektierung von Regelungsanlagen
von H. Schöpflin — DM 6,40

Rechner in industriellen Prozessen
von H. Krebs — DM 6,40

Regelung von Dampferzeugern
von W. Weller — DM 6,40

Regelungstechnik für Praktiker
von G. Schwarze — DM 6,40

Statistische Methoden der Regelungstechnik
von M. Peschel — DM 6,40

Zerstörungsfreie Prüfverfahren
von J. Gensel — DM 6,40

Zuverlässigkeit von Systemen
von P. Hummitzsch — DM 6,40

Ostwalds Klassiker

der exakten Wissenschaften-Taschenbuchreihe kommentierter Originaltexte

Die Begründung der Elektrochemie und Entdeckung der ultravioletten Strahlen
von J. W. Ritter — DM 14,00

Über die Einführung absoluter elektrischer Maße
von W. Weber und R. Kohlrausch — DM 9,80

Das Feste im Festen
von Niels Stensen — DM 18,00

Neun Bücher arithmetischer Technik – Ein chinesisches Rechenbuch für den praktischen Gebrauch aus der frühen Hanzeit — DM 16,80

De Thiende (Dezimalbruchrechnung)
von Simon Stevin — DM 7,80

Versuche über Pflanzenhybriden
von Gregor Mendel — DM 14,80

uni-texte

Studienbücher

Einführung in die Elektrotechnik
von R. Jötten/H. Zürneck — DM 9,80

Einführung in die Regelungstechnik
von W. Leonhard — DM 9,80

Gruppentheorie
von K. Mathiak / P. Stingl — DM 9,80

Mechanik
von L. D. Landau / E. M. Lifschitz — DM 9,80

Mechanik I: Grundbegriffe – Kinematik – Statik
von K.-A. Reckling — DM 9,80

Mechanik II: Festigkeitslehre
von K.-A. Reckling — DM 9,80

Quantenmechanik I
von G. Grawert — DM 9,80

Quantenmechanik II
von G. Grawert — DM 9,80

Rechenseminar in physikalischer Chemie
von K. Torkar / H. Krischner   DM 9,80

Wechselströme und Netzwerke
von W. Leonhard   DM 9,80

Lehrbücher

Einführung in die höhere Mathematik
von H. Dallmann / K. H. Elster   DM 39,50

Einführung in die moderne Chemie
von M. J. S. Dewar   DM 19,80

Einführung in die Theorie
elektrischer Maschinen
von F. G. Taegen/E. Hommes   ca. DM 16,80

Elektromagnetische Wellen I
von H.-G. Unger   DM 17,80

Elektromagnetische Wellen II
von H.-G. Unger   DM 13,80

Elektronische Bauelemente und Netzwerke I
von H.-G. Unger / W. Schultz   DM 17,80

Elektronische Bauelemente und Netzwerke II
von H.-G. Unger / W. Schultz   DM 17,80

Energieverteilung
von H. Lau / W. Hardt   DM 14,80

Grundlagen der Funktionentheorie
von W. Tuschke   DM 13,80

Grundpraktikum der organischen Chemie
von E. Poulsen Nautrup   DM 7,80

Halbleiterphysik I
von D. Geist   DM 17,80

Laplace Transformationen
von J. Holbrook   DM 24,80

Methoden der Fehler- und Ausgleichsrechnung
von R. Ludwig   DM 18,50

Physikalische Chemie I
von G. M. Barrow   DM 19,80

Physikalische Grundlagen der Hochfrequenztechnik
von E. Meyer / R. Pottel   DM 32,50

Physikalische und technische Akustik
von E. Meyer / E.-G. Neumann   DM 32,00

Plasma und Lichtbogen
von W. Rieder   DM 14,80

Quantenelektronik
von H.-G. Unger   DM 9,80

Sexualität
von C. Houillon   DM 9,80

Strömungsmeßtechnik
von W. Wuest   DM 22,50

Theorie der Leitungen
von H.-G. Unger   DM 14,80

Vorstufe zur höheren Mathematik
von S. G. Krein / V. N. Uschakowa   DM 7,80

Der Wald – Begründung, Aufbau und Erhaltung
von J. Barner   DM 12,80

Die Zelle
von M. Durand/P. Favard   ca. DM 14,80

Skripten

Asynchronmaschinen
von H. Jordan / M. Weis   DM 7,80

Einführung in die Quantenmechanik
von W. Schultz   DM 7,80

WTB
Wissenschaftliche
Taschenbücher

Allgemeine Pharmakognosie I
von E. Teuscher   DM 9,80

Allgemeine Pharmakognosie II
von E. Teuscher   DM 9,80

Chemische Thermodynamik
von W. Wagner   DM 6,80

Einführung in die physikalischen Grundlagen
der Kernenergiegewinnung
von F. R. Kessler   DM 6,80

Eiweiße und Nucleinsäuren als biologische
Makromoleküle – Dynamische Biochemie I
von E. Hofmann   DM 9,80

Elementare Methoden zur Lösung von
Differentialgleichungsproblemen
von H. Goering   DM 6,80

Elementarteilchen
von A. A. Sokolow   DM 4,80

Grundzüge der Relativitätstheorie
von A. Einstein   DM 9,80

Lasertheorie I
von H. Paul   DM 9,80

Lasertheorie II
von H. Paul   DM 9,80

Magnetochemie
von W. Haberditzl   DM 7,80

Mathematische Hilfsmittel in der Physik I
von G. Heber   DM 6,80

Mathematische Hilfsmittel in der Physik II
von G. Heber   DM 6,80

Relativität und Kosmos
von H.-J. Treder   DM 6,80

Spektroskopische Methoden in der organischen
Chemie
von R. Borsdorf / M. Scholz   DM 7,80

Über die spezielle und die allgemeine
Relativitätstheorie
von A. Einstein   DM 7,80

Varianzanalyse
von H. Ahrens   DM 9,80

Wellenmechanik
von G. Ludwig   DM 12,80

Weiterhin sind als Paperbacks lieferbar:

Der Aufstieg der wissenschaftlichen Philosophie
von H. Reichenbach   DM 18,50

Bedeutung und Begriff
von S. J. Schmidt   DM 18,50

Boolesche Algebra und ihre Anwendungen
von J. E. Whitesitt — DM 11,80

Boolesche Funktionen und Postsche Klassen
von S. W. Jablonski / G. P. Gawrilow / W. B. Kudrjawzew — DM 12,80

Einführung in die moderne Mathematik
von A. Monjallon — DM 14,80

Grundlagen der Regelungstechnik
von E. Pestel / E. Kollmann — DM 22,50

Hochschuldidaktik
von H. Seiffert — DM 8,80

Über mehrwertige Logik
von A. A. Sinowjew — DM 10,80

Programmierte Einführung in die Wahrscheinlichkeitsrechnung
von D. Stempell — DM 16,50

Was ist Wissenschaft?
von R. Wohlgenannt — DM 18,50

Studienausgaben

Abriß der Geschichte der Mathematik
von D. J. Struik — DM 12,80

Atomare Struktur und Festigkeit der Metalle
von N. F. Mott — DM 3,80

Atomphysik und menschliche Erkenntnis I
von N. Bohr — DM 11,80

Atomphysik und menschliche Erkenntnis II
von N. Bohr — DM 14,80

Aufgabensammlung zur Vektorrechnung
von A. Wittig — DM 6,80

Bildungsaufgaben des physikalischen Unterrichts
von E. Hunger — DM 9,80

Die biologischen Grundlagen des Lebens
von C. H. Waddington — DM 10,80

Denkweisen großer Mathematiker
von H. Meschkowski — DM 7,80

Differentialgeometrie in Vektorräumen
von D. Laugwitz — DM 16,00

Der dritte Hauptsatz der Thermodynamik
von J. Wilks — DM 10,80

Einführung in die diskreten Markoff-Prozesse und ihre Anwendungen
von H. Lahres — DM 12,80

Einführung in die formale Logik
von G. Harbeck — DM 9,80

Einführung in die Vektorrechnung
von A. Wittig — DM 6,80

Elementare Wellenmechanik
von W. H. Heitler — DM 12,80

Erscheinungsformen und Gesetze des Zufalls
von W. Böhme — DM 9,80

Geist und Materie
von E. Schrödinger — DM 10,80

Grundgesetze der Physik
von A. Haendel — DM 8,90

Die Grundlagen des physikalischen Begriffssystems
von W. H. Westphal — DM 5,60

Vom Haushalt der Zelle
von J. A. V. Butler — DM 12,80

Klassische Wahrscheinlichkeitsrechnung
von K. Wellnitz — DM 5,40

Kleines Lehrbuch der Elektrotechnik
herausgegeben von G. K. M. Pfestorf

Band I: Gleichstrom — DM 7,50

Band II: Wechselstrom — DM 7,50

Band III: Elektrische und magnetische Felder als Grundlage der Elektrotechnik — DM 14,80

Band IV: Wechselstromlehre I — DM 7,50

Band V: Wechselstromlehre II — DM 7,50

Band VI: Lichttechnik — DM 7,90

Kombinatorik
von K. Wellnitz — DM 4,80

Mathematische Leckerbissen
von C. S. Ogilvy — DM 9,80

Mathematische Rätsel und Probleme
von M. Gardner — DM 11,80

Der Mensch und die naturwissenschaftliche Erkenntnis
von W. H. Heitler — DM 9,80

Moderne Wahrscheinlichkeitsrechnung
von K. Wellnitz — DM 7,80

Die naturwissenschaftliche Erkenntnis:
von E. Hunger

Band 1 – Begriff und Methode — DM 4,90

Band 2 – Der Mensch und die Naturwissenschaft — DM 4,90

Band 3 – Prinzipienfragen der naturwissenschaftlichen Erkenntnis — DM 4,90

Nichteuklidische Geometrie
von H. Meschkowski — DM 5,80

Die physikalische Erkenntnis und ihre Grenzen
von A. March — DM 12,80

Physikalische Kernchemie
von U. Schindewolf — DM 12,80

Symbole, Einheiten und Nomenklatur in der Physik
Document U.I.P. (IUPAP) — DM 4,80

Unterhaltsame Mathematik
von R. Sprague — DM 7,80

Vektoren in der analytischen Geometrie
von A. Wittig — DM 6,80

Was sind und was sollen die Zahlen?
Stetigkeit und irrationale Zahlen
von R. Dedekind — DM 6,80

Wendepunkte in der Physik
von D. ter Haar u. A. C. Crombie — DM 9,80

Schriften zur Datenverarbeitung

Rechnender Raum

Von Prof. Dr.-Ing. Konrad Zuse. SCHRIFTEN ZUR DATENVERARBEITUNG, Band 1. Braunschweig: Vieweg, 1969. DIN C5. VIII, 70 Seiten mit 74 Abb. Kartoniert DM 16,80 (Best.-Nr. 9609).

Inhalt: Einleitung — Einführende Betrachtungen — Beispiele digitaler Behandlung von Feldern und Teilchen — Allgemeine Betrachtungen.

Dieses Buch eröffnet neue Perspektiven für den Einsatz von EDV-Anlagen in der theoretischen Physik. Der Autor versucht, informations- und automaten-theoretische Gedanken auf Fragen der theoretischen Physik anzuwenden, untersucht die Konsequenzen einer vollständigen Digitalisierung, bespricht Modelle zellularer Automaten und führt den Begriff des Digitalteilchens ein.

Numerische Berechnung von benachbarten inversen Matrizen und linearen Gleichungssystemen

Von Dr. Gerhard Zielke. SCHRIFTEN ZUR DATENVERARBEITUNG, Band 2. Braunschweig: Vieweg, 1969. DIN C5. VII, 75 Seiten. Kartoniert DM 17,80 (Best.-Nr. 9610).

Inhalt: Problemstellung und Zusammenfassung — Die Änderungsmethode — Die Ränderungsmethode — Die Reduktionsmethode.

Die Matrizeninversion ist in der numerischen Mathematik eine Grundaufgabe, auf die viele Probleme aus den verschiedensten Gebieten der Wissenschaft, Technik und Wirtschaft zurückzuführen sind. Das vorliegende Buch beschreibt die Lösungsmöglichkeiten bei Verwendung der Änderungsmethode, der Ränderungsmethode und der Reduktionsmethode. Es zeigt sich, daß sich alle Formeln auf eine Grundformel zurückführen lassen. Die Bedeutung des Buches liegt vor allem darin, daß der Autor eine Reihe neuer und günstigerer Rechenverfahren beschreibt.

vieweg

uni—texte

Studienbücher

G. Frühauf, Praktikum Elektrische Meßtechnik
für Elektrotechniker (3. und 4. Semester)

G. Grawert, Quantenmechanik I, II
für Mathematiker, Physiker und Physiko-Chemiker (4. und 5. Semester)

P. Guillery, Werkstoffkunde für Elektroingenieure
für Elektrotechniker (4. Semester)

E. Henze / H. H. Homuth, Einführung in die Informationstheorie
für Mathematiker, Physiker und Elektrotechniker (3. Semester)

R. Jötten / H. Zürneck, Einführung in die Elektrotechnik I
für Elektrotechniker, Maschinenbauer und Wirtschaftsingenieure (1. bis 3. Semester)

L. D. Landau / E. M. Lifschitz, Mechanik
für Mathematiker und Physiker (2. und 3. Semester)

W. Leonhard, Wechselströme und Netzwerke
für Elektrotechniker (3. Semester)

W. Leonhard, Einführung in die Regelungstechnik, Lineare Regelvorgänge
für Elektrotechniker, Physiker und Maschinenbauer (5. Semester)

W. Leonhard, Einführung in die Regelungstechnik, Nichtlineare Regelvorgänge
für Elektrotechniker, Physiker und Maschinenbauer (6. Semester)

K. Mathiak / P. Stingl, Gruppentheorie
für Chemiker, Physiko-Chemiker und Mineralogen (ab 5. Semester)

K.-A. Reckling, Mechanik I, II, III
für Studenten der Ingenieurwissenschaften (1. und 2. Semester)

K. Torkar / H. Krischner, Rechenseminar in Physikalischer Chemie
für Chemiker, Verfahrenstechniker und Physiker (ab 3. Semester)

In Vorbereitung

K. Brinkmann, Einführung in die elektrische Energiewirtschaft
für Elektrotechniker, Maschinenbauer und Wirtschaftsingenieure (ab 5. Semester)

H. Friedburg, Einführung in die elektrische Schaltungstechnik
für Elektrotechniker (3. Semester)

H. Glaser, Einführung in die Technische Wärmelehre
für Maschinenbauer und Technische Physiker (3. Semester)

K.-B. Gundlach, Einführung in die Infinitesimalrechnung
für Mathematiker und Physiker (1. und 2. Semester)

R. Jötten / H. Zürneck, Einführung in die Elektrotechnik II
für Elektrotechniker, Maschinenbauer und Wirtschaftsingenieure (2. bis 4. Semester)

R. Jötten, Energieelektronik I, II
für Elektrotechniker (5. und 6. Semester)

G. Kempter, Organisch-chemisches Praktikum
für Chemiker, Biologen und Mediziner (3. Semester)

D. Kind, Der elektrische Durchschlag
für Elektrotechniker (5. Semester)

E. Letzner, Grundbegriffe der Mathematik
für Mathematiker und Physiker (1. Semester)

R. Oswatitsch / E. Leiter, Strömungsmechanik
für Maschinenbauer, Physiker und Elektrotechniker (3. Semester)

K.-A. Reckling, Mechanik, Aufgabensammlung
für Studenten der Ingenieurwissenschaften (1. bis 3. Semester)

E. Rossow / E. Macherauch, Werkstoffkunde
für Maschinenbauer und Elektrotechniker (3. Semester)

J. Ruge, Technologie der Werkstoffe
für Maschinenbauer und Elektrotechniker (3. Semester)